R을 이용한 공간정보 분석

R을 이용한 공간정보 분석

초판 1쇄 발행 2020년 7월 3일
초판 2쇄 발행 2023년 6월 8일

지은이 구자용·최진무

펴낸이 김선기
펴낸곳 (주)푸른길
출판등록 1996년 4월 12일 제16-1292호
주소 (08377) 서울특별시 구로구 디지털로 33길 48 대륭포스트타워 7차 1008호
전화 02-523-2907, 6942-9570~2
팩스 02-523-2951
이메일 purungilbook@naver.com
홈페이지 www.purungil.co.kr

ISBN 978-89-6291-872-4 93980

■이 도서의 국립중앙도서관 출판예정도서목록(CIP)은 서지정보유통지원시스템 홈페이지 (http://seoji.nl.go.kr)와 국가자료공동목록시스템(http://www.nl.go.kr/kolisnet)에서 이용하실 수 있습니다.(CIP제어번호: CIP2020025841)

R을 이용한 공간정보 분석

공간정보의 이해와
오픈소스 소프트웨어 이용 실습

푸른길

　4차 산업혁명과 빅데이터로 특징되는 현대 사회에서 우리는 다양한 정보를 다루면서 생활하고 있다. 우리 주변에는 수많은 정보가 매일 생산되며, 우리는 이러한 정보를 이용하고 활용하면서 수많은 의사결정을 수행한다. 아침 출근길의 교통상황은 어떠한지, 목적지로 나를 태워다 줄 버스는 언제 도착하는지, 점심을 먹을 맛집은 주변에 어디에 있는지, 퇴근 후 여가활동을 할 장소는 어디인지 등 우리는 일상생활에서 나와 내 주변의 정보를 수집하고 분석함으로써 의사결정에 도움을 받고 있다. 우리 생활과 밀접한 관련을 맺고 있는 정보들은 대부분 위치를 지니는 공간정보이다. 따라서 다양한 정보를 수집하고 활용하는 현대 사회에서 공간정보는 사람들의 일상생활에 필수적인 정보라 할 수 있다.

　최근 빅데이터 처리와 머신러닝과 같이 정보 처리 분야에서 주목받고 있는 분야에 수많은 분석도구들이 활용되고 있다. 이러한 분석도구 중에서 가장 많은 사용자가 이용하고 있는 도구가 단연 R 소프트웨어이다. R 소프트웨어는 통계 분석과 그래프 표현을 위해 개발된 오픈소스 기반의 소프트웨어이다. 오픈소스로 구성되었기 때문에 누구나 패키지를 개발하여 활용할 수 있다. 다양한 정보를 처리하고 분석할 수 있는 수많은 패키지가 개발되어 제공되고 있으며, 빅데이터 분석을 위한 비정형 데이터 분석이나 공간정보의 분석을 위한 패키지도 제공되고 있다. 따라서 R 소프트웨어를 활용하여 다양한 데이터 분석이 가능하며, 특히 공간정보의 처리와 분석을 위한 강력한 기능이 제공되어 있어 여러 활용에도 유용하다.

　이 책은 공간정보와 빅데이터에 관심이 있는 사용자를 대상으로 R 소프트웨어를 이용하여 공간정보를 처리하고 분석할 수 있는 능력을 배양하기 위해 쓰였다. 특히 책에서 제공하고 있는 공간 통계는 공간정보의 분석에 꼭 필요한 기능이라 할 수 있다. 따라서 책에서 설명하는 공간정보의 처리와 분석 기능을 이용하면 다양한 공간정보 분석을 시도할 수 있을 것으로 생각된다. 또한 R 소프트웨어에서 제공하는 빅데이터 분석과 머신러닝 기능을 이용하면 공간정보를 다양한 분석에 활용할 수 있을 것으로 예측된다.

이 책은 공간정보에 대한 학술적 내용과 분석 기법이라는 기술적 내용이 함께 다루어지므로 독자의 입장에서 다소 이해가 어려운 내용이 있을 수 있다. 다만, 학술적 설명을 즉시 실습해볼 수 있도록 장별 실습을 구성하여 독자의 이해를 도우려고 노력하였다. 그럼에도 불구하고 이해가 어려운 부분이 있다면 이는 전적으로 이 책의 저자의 표현능력의 한계로 독자의 양해를 부탁드리며, 앞으로 개정판을 통하여 독자가 더 이해하기 쉽도록 개선하고, 새로운 분석 기법도 보완하도록 할 예정이다.

　하루빨리 위기를 극복하여 깨끗하고 안전한 환경에서 이 책이 읽히고, 강의실에서 즐거이 토론할 수 있는 시기를 바라며….

2020년 6월
구자용, 최진무

차례

III   공간통계 분석

공간정보와 R

I

R

1. GIS와 공간정보 데이터

1.1 공간정보와 GIS

우리가 사는 세상에서 모든 사람이나 사물은 위치를 가지고 있다. 사람들이 살고 있는 집이나 직장, 여가 생활 등은 모두 공간상에서 위치를 점유하고 있다. 또한 사람들이 관심을 가지고 있는 사건이나 사물 역시 위치를 가지고 있다. 이와 같이 사람들이 과거부터 자신과 관련한 위치 또는 주변 환경에 관심을 가지고 있어 왔다. 과거 석기시대부터 사람들은 자신의 생존을 위하여 자신 주변의 환경에 대한 여러 정보를 그림의 형태로 그 위치를 표현하여 왔다. 이러한 사람들의 주변 환경에 대한 관심은 지도의 형태로 발달하게 되었으며, 세계 역사의 발달과 함께 지도학적 표현 기법은 발달하여 왔다. 최근 정보통신 기술이 발달하고 인터넷과 스마트폰이 일상화된 현대 사회에서 사람은 자신과 주변의 위치에 대하여 더욱 많은 관심을 가지게 되었으며, 이와 관련한 정보들을 손쉽게 수집하고 공유하게 되었다. 스마트폰의 위치정보와 지도 서비스를 이용하여 낯선 곳에서도 쉽게 목적지를 찾을 수 있게 되었으며, 자신이 방문한 장소나 관심있는 지역에 대한 정보를 소셜 네트워크 서비스(SNS)로 공유하게 되었다. 또한 인공위성에서 촬영한 지표면의 다양한 영상들을 쉽게 접할 수 있게 되었다. 정보통신 기술의 발달과 함께 사람들은 위치와 관련한 수많은 정보를 접하게 되었으며, 이를 활용할 수 있게 되었다.

이와 같이 사람들이 관심을 가지고 있는 위치와 관련한 정보를 공간정보라 한다. 공간정보란 사람들이 생활하고 있는 공간상에서 사건이나 사물에 대한 위치를 나타내는 정보라 할 수 있다. 여기서 위치에 대한 정보는 위치를 표현하는 정보와 해당 위치에 나타나는 특성에 대한 정보로 구분된다. 위치를 표현하는 정보란, 공간상에서 사건이나 사물의 위치가 어디에 있는지를 나타내는 정보이다. 우리가 일상에서 위치를 표현하는 주소가 대표적인 사례라 할 수 있으며, 지리적으로 표현되는 위도나 경도, 그리고 수학에서 표현하는 x좌표와 y좌표 등이 위치를 표현하는 정보라 할 수 있다. 해당 위치에 나타나는 특성에 대한 정보란, 특정 위치에 있는 사건이나 사물을 설명하는 정보이다. 즉 어느 위치에 있는 건물이 학교인지, 회사인지, 학교라면 학생 수나 교사 수는 어떻게 되는지, 그밖에 학교와 관련한 정보들을 설명하는 정보라 할 수 있다. 이러한 위치를 표현하는 정보와 위치를 설명하는 정보는 함께 어우러져 공간정보를 구성한다. 이러한 공간정보는 지도를 통하여 정보의 전달 효과가 극대화된다. 사람들은 글보다는 시각적 그래픽을 통하여 정보의 전달이 쉽게 이루어지며, 이러한 시각적 그래픽의 대표적인 사례가 지도이기 때문이다. 다음의 그림 1.1과 그림 1.2

<표 1.1> 표로 표현한 공간정보

행정구역별	대학교 수(2019)
서울특별시	48
부산광역시	22
대구광역시	11
인천광역시	7
광주광역시	17
대전광역시	15
울산광역시	4
세종특별자치시	3
경기도	61
강원도	18
충청북도	17
충청남도	21
전라북도	19
전라남도	19
경상북도	33
경상남도	21
제주특별자치도	4

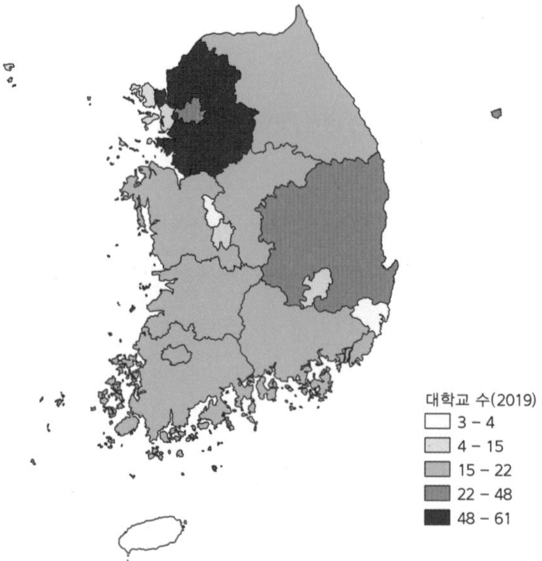

대학교 수(2019)
□ 3 – 4
□ 4 – 15
□ 15 – 22
■ 22 – 48
■ 48 – 61

<그림 1.1> 지도로 표현한 공간정보

를 비교해보자. 공간상에 나타나는 현상들을 표 1.1의 표로 나타내는 것보다는 그림 1.1과 같이 지도로 표현하는 것이 주어진 자료에 대한 이해가 쉬우며, 정보의 전달 효과 역시 우수하다.

　우리는 일상생활에서 인터넷 지도나 스마트폰의 지도 어플을 통하여 공간정보를 접한다. 이들 프로그램을 통하여 자신이 위치하고 있는 곳이나 주변 장소에 대한 정보를 취득하기도 하고 목적지를 찾아가기도 한다. 이들 지도는 단순히 공간정보를 수집하여 사용자에게 제공하는 기능만을 가지고 있다. 우리가 공간정보를 제대로 활용하기 위해서는 공간정보를 이용하여 새로운 정보를 생성할 수 있어야 한다. 어떤 사건이나 사물의 위치가 어디인가에 대한 정보보다는 그 사건이나 사물이 그곳에 위치한 이유를 파악해야 하는 것이다. 정보처리 분야에서는 자료(데이터)와 정보를 구분하여 설명한다. 자료란 어떤 현상을 설명하는 데이터를 나타내는 반면, 자료를 가공하고 분석하여 새로이 밝혀지는 결과를 정보라 한다. 따라서 단순히 공간정보를 지도의 형태로 나타내는 것은 자료를 처리한 결과이며, 궁극적으로 공간정보를 정보의 형태로 가공하기 위해서는 공간 데이터를 가공하고 분석하여 새로운 결과가 나타나야 할 것이다. 지리정보시스템(Geographic Information System)이란 공간정보 데이터를 처리·가공하여 새로운 정보를 도출하는 일련의 과정 또는 기법을 뜻한다. 우리가 지도로 이해하는 다양한 공간정보를 처리하고 분석하여 새로운 정보를 도출하는 것이다. 이를 통하여 공간상에 분포하는 사물이나 사건의 위치에 대한 특성을 파악하고 그렇게 분포하게 된 원인을 밝힘으로써, 미래에 공간상에 나타나는 사건이나 사물의 특성을 대비하고 예측할 수 있다. 최근에 활발히 진행되고 있는 빅데이터 분석 역시 위치를 가진 데이터를 활용하여 공간적인 분석이 가능하다. 수많은 데이터가 위치를 가지고 있으며, 이들 데이터의 분석을 통하여 어떤 현상의 공간적 특성을 예측할 수 있기 때문이다. 따라서 GIS를 활용하여 공간정보를 분석함으로써 공간상에 나타나는 어떠한 현상의 원인을 파악하고 그 결과를 예측할 수 있다.

공간정보를 이용하여 GIS 분석을 수행하기 위해서는 전용 소프트웨어를 활용한다. 대표적인 소프트웨어가 미국 ESRI사에서 제작한 ArcGIS 또는 오픈소스로 제작한 QGIS 등이다. 전문적인 공간정보의 처리와 분석을 위해서는 상용 소프트웨어인 ArcGIS가 주로 사용되지만, 일반인이 사용하기에는 고가라는 부담이 있다. 오픈소스 GIS 소프트웨어인 QGIS는 가격 측면에서 부담이 없으며, 오픈 소스 환경에서 많은 개발자들이 다양한 기능을 추가하고 있어, 최근 많은 분야에서 GIS 소프트웨어로 이용되고 있다. 공간정보를 분석하는 기능을 제공하는 또다른 오픈소스 소프트웨어가 R 소프트웨어이다. R 소프트웨어는 원래 오픈소스 기반의 통계 프로그램으로 출발하였으나, 오픈소스 환경에서 수많은 패키지가 개발되면서 통계처리와 빅데이터 분야에서 대표적인 프로그램으로 급성장하였다. R 소프트웨어에는 공간정보의 처리와 분석을 위한 패키지가 개발되면서, GIS의 분석 기능 역시 제공하고 있다. 특히 원래의 R 소프트웨어가 가지고 있던 통계분석과 빅데이터 분석기능이 연계되면서 R 소프트웨어는 공간정보의 처리와 분석에서도 강력한 기능을 제공하고 있다. 이에 이 책에서는 R 소프트웨어를 이용하여 공간정보 데이터를 처리하고 분석하는 과정을 다루고자 한다.

1.2 공간정보 데이터

공간정보 데이터는 앞 절에서 설명한 바와 같이 공간상에서 사건이나 사물의 위치를 표현하는 정보와 그 위치에 있는 사물이나 현상을 설명하는 정보로 구분된다. 이를 각각 위치정보와 속성정보라 한다. 일반적으로 위치정보는 공간상의 위치를 표현하여야하기 때문에 지도의 형태로 표현된다. 기존의 종이지도의 경우 2차원의 평면 위에 기호의 형태로 위치정보를 표현하여 왔다. 최근 인터넷 지도와 스마트폰 지도 어플이 활성화되면서 3차원 공간에서의 위치 정보도 표현되고 있다. 공간상의 위치를 표현하는 또 다른 방법은 좌표체계를 이용하는 것이다. 지리좌표계에서 이용하는 경도와 위도의 표현이나 수학적으로 x좌표와 y좌표로 위치 정보를 표현하는 것이다. 이는 위치 정보를 숫자로 표현하기 때문에 수학적 변환이나 기하학적 계산, 통계학적 분석 등에 위치 정보를 활용할 수 있다. 또한 디지털 시대에 접어들면서 숫자로 표현된 위치 정보를 활용하여 지도로 표현하는 것이 일반화되었다. 따라서 최근에는 특정한 사건이나 사물에 대한 위치 정보는 숫자로 처리되고 있다.

속성정보는 주어진 위치에 있는 사건이나 사물에 대한 자료를 뜻한다. 어느 위치에 있는 사물이나 사건이 무엇인지, 그리고 이와 관련된 다양한 자료가 속성정보에 해당한다. 여기서 속성정보란 단순한 지명이나 명칭과 함께 해당되는 위치의 다양한 정보를 포함한다. 예를 들어 학교일 경우 학교명뿐만 아니라 건물 층수, 학생 수, 교사 수 등과 같은 다양한 정보를 포함할수 있다.

일반적으로 위치정보와 속성정보는 서로 연결되어 구성된다. 그림 1.2와 같이 오른쪽 지도에서 특정 위치를 표현하면 위치정보에 해당되며 이 위치에 대한 속성정보는 왼쪽과 같이 나타난다. 이와 같이 인터넷 지도나 지도 어플에서는 위치정보와 속성정보가 함께 제공되고 있다. 인터넷 지도에서 마우스로 위치를 지정하거나 스마트폰에서 위치를 선택하면 해당 위치의 속성정보를 파악할 수 있다. 반대로 지도 프로그램에서 검색창을 통하여 속성정보(지명 또는 관련 정보)를 입력하면 검색된 결과가 지도에 위치정보로 나타난다. 위치정보와 속성정보는 서로 관련되어 구성되어 표현되는 것이다.

GIS에서 공간정보 데이터는 위치정보와 속성정보로 구성된다. 여기서 속성정보는 기존의 데이터베이스 형태로 구성된다. 즉 일종의 표의 형태로 구성되며, 표의 각 행에는 각각의 위치에 해당하는 정보가, 표의 각 열에는 속성의 종류가 저장된다. 표 1.1의 사례에서와 같이 각각의 행에는 광역

〈그림 1.2〉 위치정보와 속성정보의 사례

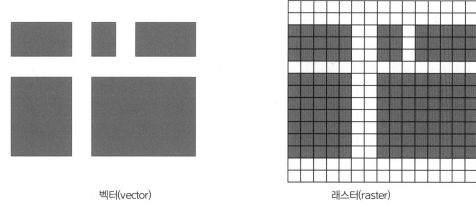

벡터(vector)　　　　　　　　　　래스터(raster)

〈그림 1.3〉 위치정보의 표현방법(벡터와 래스터)

시나 시도별 지역들이 구분되어 있으며, 각 열에는 행정구역명과 대학교 수와 같은 속성의 종류들이 구분되어 저장된다. 따라서 속성정보는 데이터베이스의 테이블 형태와 같이 저장되며, 단지 각 행에 해당되는 레코드가 각각 위치정보와 연결된다는 점이 특징이라 할 수 있다.

공간정보 데이터의 위치정보는 표현 방식에 따라 벡터와 래스터로 구분된다. 그림 1.3과 같이 벡터는 공간에 나타나는 사건이나 사물의 모양을 표현하는 것이며, 래스터는 공간을 일정 크기의 격자(화소)로 분할한 후 해당되는 위치의 격자(화소)로 위치정보를 표현한다.

벡터는 위치정보의 모습을 윤곽선으로 표현한 후, 윤곽선의 모양을 좌표값의 배열로 표현한다. 이때 공간 데이터의 모습은 차원에 따라 그림 1.4와 같이 각각 0차원의 점, 1차원의 선, 2차원의 면으로 구분된다. 점 데이터는 위치 정보의 윤곽은 없으며, 단지 해당 위치만 점으로 표현하는 것이다. 따라서 점 데이터는 x좌표와 y좌표만 가지고 있으며, 해당되는 위치의 속성정보와 연결된다. 선 데이터는 점들이 연결되어 선의 모양으로 윤곽을 가지고 있는 데이터이다. 선 데이터를 구성하는 꼭지점의 좌표값을 선분으로 연결하여 선 데이터의 윤곽을 표현한다. 면 데이터는 선들이 연결되어 폐곡선을 이루면서 하나의 면을 표현한다. 면 데이터는 선 데이터와 마찬가지로 자신을 구성하는 윤곽선의 꼭지점의 좌표로 구성된다. 그러나 윤곽을 이루는 선들이 반드시 폐곡선이 되도록 꼭지점이 구성되어야 한다는 점이 선 데이터와의 차이이다. 선 데이터와 면 데이터 역시 속성정보와 연결되어 공간정보 데이터를 구성한다.

공간정보 데이터의 위치정보를 표현하는 또다른 방식은 래스터이다. 래스터는 공간을 일정 크기의 격자 또는 화소로 구분한 후 각 격자(화소)의 배열로 위치를 표현하는 방식이다. 따라서 래스터로 공간정보를 표현하기 위해서는 공간을 분할하는 격자의 크기와 위치가 필요하다. 일반적으로 격자는 정사각형으로 구성하며, 그 크기는 한 변의 길이로 표현하는데, 이를 해상도라 한다. 또한 격자의 위치는 기준이 되는 지점을 설정한 후 그 지점의 좌표값을 부여한다. 따라서 위치정보를 표현할 대상 공간을 일정 해상도의 격자로 분할한 후, 우측 상단 또는 우측 하단의 지점을 기준으로 삼아 그 지점의 좌표값을 표현한다. 이러한 방식으로 임의의 지점의 위치정보를 래스터 공간에서 행과 열의 위치를 이용하여 기준점으로부터 x좌표와 y 좌표의 차이를 계산하여 구할 수 있다. 그림 1.5와 같이 기준값의 좌표가 x=950000, y=1950000이고 해상도가 10m일 경우에 표시된 지역의 위치는 기준점으로부터 7번째 열과 2번째 행만큼 떨어져 있으므로, 이 지역의 기준점은 x=950070, x=1950020으로 계산된다.

래스터는 벡터에 비하여 위치정보의 표현 방식이 사용자에게 낯설 수 있다. 그러나 래스터는 디지털 TV나 모니터, 사진 등에서 사용되는 화소의 개념과 유사하다. 작은 사각형의 화소들이 모여 사진이나 그림을 구성하듯 우리의 공간을 일정 크기의 격자로 분할하여 위치와 공간을 표현하는

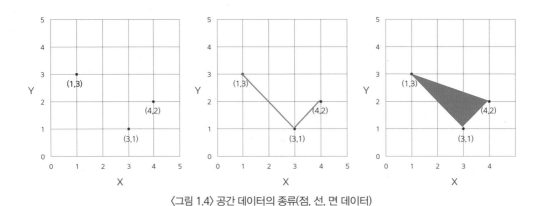

〈그림 1.4〉 공간 데이터의 종류(점, 선, 면 데이터)

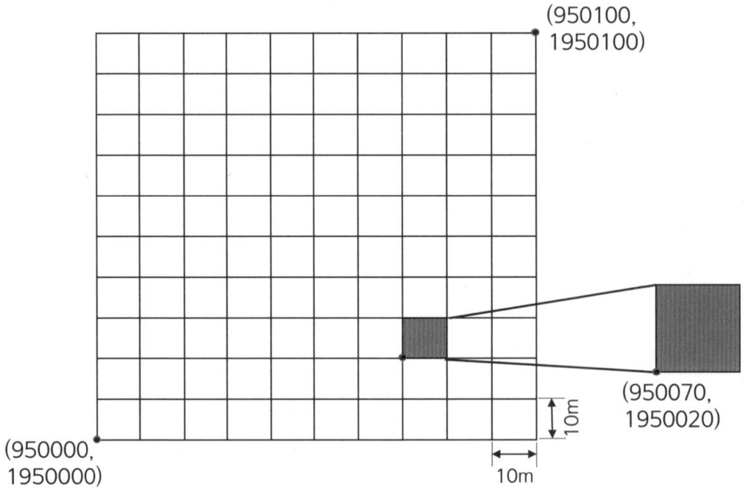

〈그림 1.5〉 래스터 데이터의 위치 표현

것이다. 일반적으로 공간적으로 연속되어 윤곽선으로 구분되기 어려운 데이터를 래스터로 표현한다. 예를 들면 위성영상이나 고도값, 기온, 강수량 등과 같이 공간적으로 연속되는 데이터를 표현할 때 래스터 데이터를 이용한다.

1.3 공간정보 좌표체계

공간정보 데이터에서 위치는 가장 기본적인 정보이다. 따라서 위치를 표현하는 방법은 공간정보에서 가장 기초적으로 다루어야 하는 사항이라 할 수 있다. 일반적으로 수학에서 사용하는 x 좌표와 y 좌표로 이루어진 평면 체계를 이용하여 위치를 표현한다. 그러나 지표면에서 위치는 둥근 지구위에서 표현하여야하기 때문에 수학적 평면과는 차이가 있다. 공간정보 데이터의 위치를 표현하는 방법은 둥근 지구위에서 경도와 위도로 위치를 표현하는 지리좌표체계(geographic coordinate system)과 지도투영법을 통하여 둥근 지표면을 평면으로 변환하여 x 좌표와 y 좌표로 표현하는 투영좌표체계(projected coordinate system)로 구분된다.

지리좌표체계는 둥근 지구에서 지표면의 위치를 지구 중심으로부터의 각도를 이용하여 표현하는 것이다. 이는 그림 1.6(a)와 같다. 지표면의 남북방향의 위치는 지구 중심에서 적도와의 각도로 표현하는데 이를 위도라 한다. 그림 1.6(b)와 같이 적도를 중심으로 북반구와 남반구로 각도를 표현하며, 이에 북반구는 북위, 남반구는 남위로 위도를 표현한다. 따라서 적도의 위도는 0도이며 북극과 남극의 위도는 각각 북위 90도, 남위 90도이다. 우리나라 중앙의 위도는 약 북위 38도에 해당한다. 지표면의 동서방향의 위치는 지구 중심에서 표준자오선과의 각도로 표현하는데, 이를 경도라 한다. 표준자오선이란 북극과 남극을 일직선으로 연결한 자오선 중에서 영국의 그리니치 천문대를

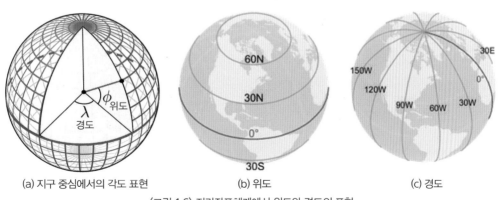

(a) 지구 중심에서의 각도 표현   (b) 위도   (c) 경도

〈그림 1.6〉 지리좌표체계에서 위도와 경도의 표현

지나는 선을 가리킨다. 그림 1.6(c)와 같이 표준자오선을 중심으로 동쪽 방향과 남쪽 방향으로 각도를 표현하며, 이에 동쪽 방향은 동경, 서쪽 방향은 서경으로 경도를 표현한다. 따라서 표준자오선의 경도는 0도이며, 동쪽방향과 서쪽방향으로 각각 180도까지 경도를 표현한다. 우리나라 중앙의 경도는 동경 127.5도에 해당한다.

지리좌표체계는 지구 중심으로부터의 각도로 지구 전체의 위치를 표현하고 있기 때문에 어떠한 지점이 특정한 위도와 경도로 표현되었다면, 그 지점은 유일한 지점이어야 한다. 그러나 지리좌표체계에서 위도와 경도로 표현되었더라도, 어떠한 타원체와 데이텀을 적용하였는가에 따라서 그 위치는 달라질 수 있다. 지구의 모양은 완전한 공의 형태가 아니라 남북방향이 동서방향에 비하여 약간 평평한 타원체 모양을 가지고 있다. 또한 지표면은 울퉁불퉁하기 때문에 완전한 타원체와는 차이가 있다. 따라서 과거부터 많은 측지학자들이 지구의 타원체 모양을 모델링하여 사용하고 있으며, 각 지역이나 국가에 따라 자신에게 적합한 타원체를 사용하고 있다. 지구의 표면 역시 울퉁불퉁하기 때문에 기준점을 중심으로 타원체를 맞추어야 하는데, 이러한 기준점을 데이텀이라 한다. 데이텀은 그림 1.7(a)와 같이 지표면으로 기준점을 맞추는 경우와 그림 1.7(b)와 같이 지구 중심으로 기준점을 맞추는 경우가 있다. 각 국가나 지역에서는 위치가 정확히 표현되도록 지표면에 데이텀을 맞추어 사용하고 있다. 그러나 이러한 데이텀은 자신의 국가나 지역에는 정확히 위치를 표현할 수 있지만 그 외의 지역을 표현할 경우 정확성이 떨어질 수밖에 없다. 최근 디지털 지도와 GPS의 등장으로 전 세계의 위치를 통일하여 표현하려는 경향이 강하게 나타나고 있다. 이에 세계의 국가들이 타원체와 데이텀을 표준화하였는데, 이것이 WGS 1984 좌표계이다. WGS 1984 좌표계는 전 지구를 대상으로 하기 때문에 지구의 중심에 데이텀을 맞추어 위도와 경도 등 위치 정보를 제공하고 있다. 이러한 지리좌표체계를 이용하여 전 세계 어느 지점이나 위치 정보를 정확하게 표현할 수 있다.

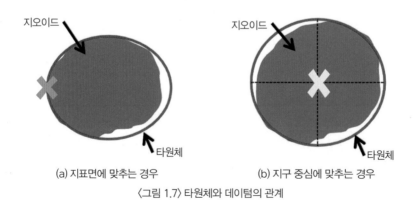

(a) 지표면에 맞추는 경우   (b) 지구 중심에 맞추는 경우

〈그림 1.7〉 타원체와 데이텀의 관계

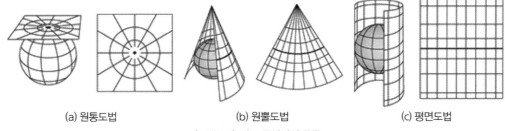

| (a) 원통도법 | (b) 원뿔도법 | (c) 평면도법 |

〈그림 1.8〉 지도 투영면의 종류

　지리좌표체계는 둥근 지구상에서 위치를 정확하게 표현하고 있다는 장점이 있지만, 공간정보의 측정과 처리 과정에서 문제점을 가지고 있다. 지리좌표체계는 각도 단위를 이용하고 있기 때문에 거리나 면적의 측정이 불가능하며, 둥근 지구상에서의 위치를 이용하여 기하학적 연산을 적용할 수 없다. 따라서 지도투영법을 적용하여 둥근 지구를 평면으로 변환한 후, 직각좌표체계를 이용하여 x좌표와 y좌표의 직각좌표체계로 위치를 표현하는데, 이를 투영좌표체계(projected coordinate system)라 한다. 지도 투영법이란 가상의 지구본 안에 광원을 두고 그 광원에서 빛을 쏘았을 때 투영면에 비춰지는 그림자를 지도로 그리는 원리를 이용한다. 이때 그림 1.8과 같이 그림자가 비춰지는 투영면이 원통이나 원뿔 모양으로 지구를 에워싸서 투영할 수도 있으며, 단순한 평면일 수도 있는데, 이를 각각 원통도법, 원추도법, 평면도법이라 한다.

　지도 투영법은 둥근 지구를 평면으로 표현하는 과정에서 왜곡이 발생할 수밖에 없다. 지도투영의 과정에서 지켜지거나 왜곡되는 특성은 크게 네 종류가 있다. 지표상에 있는 형상들의 형태가 유지되는 정형성, 지표에서 측정된 면적과 지도상에서의 면적의 비례 관계가 항상 일정하게 유지되는 정적성, 지표면에서 측정된 거리와 지도상의 거리의 비례 관계가 항상 일정하게 유지하는 정거성, 지도상에서의 각 지점들 간의 방위가 지표면 위에서의 방위와 같도록 하는 진방위 등이 그것이다. 하지만 이 조건들을 모두 만족시키는 것은 오직 둥근 지구밖에 없기 때문에 지도투영의 과정에서 어떤 특성들은 그대로 유지되지만 나머지 특성들은 희생시켜야 한다.

　투영좌표체계는 지도투영법에 의하여 평면으로 변환한 위치정보를 x좌표와 y좌표로 표현하는 것이다. 따라서 투영좌표체계는 지도투영법의 종류와 투영면, 왜곡의 종류, 투영면에 닿는 기준점의 위치 등에 따라 수많은 종류가 있다. 수많은 투영좌표체계 중에서 세계적으로 가장 널리 쓰이는 좌표체계가 UTM(universal transverse mecator) 좌표체계이다. 이 좌표체계는 정형성을 가진 원통도법인 메르카토르 투영법을 변형하여 투영면이 적도가 아닌 자오선이 접하게 옆으로 씌운 후 투영하는 방법이다. 이때 지도투영의 왜곡을 최소화하기 위해 투영면과 접하는 자오선을 중심으로 경도 6도만큼만 투영한다. 이러한 방법으로 그림 1.9와 같이 전 지구를 60개의 구역으로 나누어 투

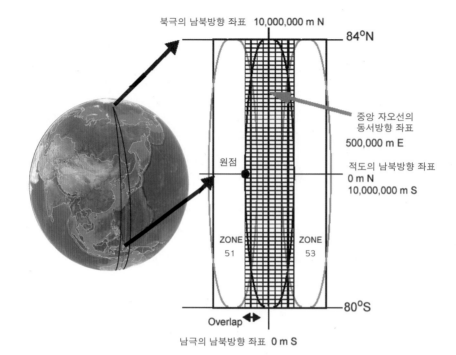

북극의 남북방향 좌표 **10,000,000 m N**

84°N

중앙 자오선의
동서방향 좌표
500,000 m E

원점

적도의 남북방향 좌표
0 m N
10,000,000 m S

ZONE
51

ZONE
53

80°S

Overlap ↔

남극의 남북방향 좌표 **0 m S**

〈그림 1.9〉 UTM 좌표계(52 구역)

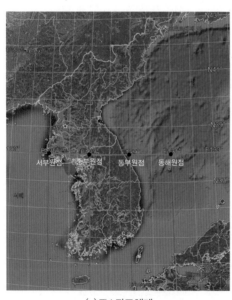

서부원점 중부원점 동부원점 동해원점

(a) TM 좌표체계

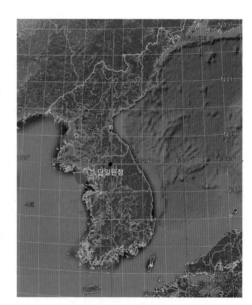

단일원점

(b) UTM-K 좌표체계

〈그림 1.10〉 우리나라의 투영좌표체계

영한 후, 북반구와 남반구로 나누어 미터(m) 단위의 좌표값을 부여한다. 이때 x 좌표와 y 좌표의 값이 음수가 나타나지 않도록 가상의 값을 더하여 좌표값을 조절한다. 동서방향으로는 500,000m를 더하며, 남북방향으로는 북반구는 더하는 값이 없지만 남반구는 10,000,000m를 더한다. UTM 좌표계는 미터단위로 표현되기 때문에 거리나 면적을 측정하여 계산할 수 있다.

우리나라의 경우 보다 정확한 좌표 표현을 위하여 UTM에서 사용하는 횡축 메르카토르 도법(TM)을 이용하여 투영면과 접하는 자오선을 중심으로 경도 2도 만큼만을 투영한다. 이 투영법은 그림 1.10(a)와 같이 동경 125도와 127도, 129도, 131도 등 4개의 자오선을 중심으로 동서 방향으로 각각 경도 ±1도만큼만 투영하여 미터단위의 좌표를 부여하고 있다. 기준점의 위도는 북위 38도이며, 좌표값에 음수가 나타나지 않도록 동서방향에는 200,000m, 남북방향에는 600,000m를 가상의 값으로 더한다. 이 좌표체계는 우리나라를 정확하게 표현하고 있지만, 4개의 기준점을 사용하고 있기 때문에 디지털 환경에서 좌표값이 겹치는 문제가 발생한다. 즉 같은 좌표값을 가진 지점이 4 곳이 나타나는 것이다. 따라서 우리나라를 하나의 좌표값으로 표현하기 위하여 단일 원점의 좌표계가 필요하게 되었다. 우리나라를 하나의 좌표값으로 표현하는 대표적인 좌표계가 UTM-K 좌표계이다. 이 좌표계는 이름과 같이 UTM 좌표계를 우리나라에 맞도록 변형한 것으로, 그림 1.10(b)와 같이 투영 원점으로 북위 38도, 동경 127.5도를 이용한다. 투영후 좌표값에 음수를 없애기 위해 동서방향에는 1,000,000m, 남북방향에는 2,000,000m를 가상으로 더한다. 이 좌표계는 최근 우리나라에서 단일원점의 표준으로 자리잡고 있다.

투영좌표체계는 투영법의 종류와 국가, 지역에 따라 수많은 좌표계가 있으며, 우리나라에서도 다양한 좌표계가 존재하고 있다. 따라서 공간정보를 구성하고 있는 좌표계가 어떠한 것인지를 파악하고 그에 적합한 좌표계를 선택하여 표현하여야 한다.

R

2. R과 공간정보

2.1 R 소프트웨어의 소개와 설치

2.1.1 R 소프트웨어 소개

R 소프트웨어는 통계 분석과 그래픽 표현을 위한 오픈소스 기반의 소프트웨어 환경이다. 최근 빅데이터 분석에 대한 관심이 증가하면서 대용량의 비정형 데이터를 분석할 수 있는 도구로서 R 소프트웨어가 부각되고 있다. R 소프트웨어는 오픈소스 기반이기 때문에 누구나 사용할 수 있으며, 전 세계의 개발자들이 수많은 패키지를 개발하여 활용할 수 있기 때문이다. 또한 윈도우뿐만 아니라 UNIX, Mac 등 다양한 플랫폼에서 실행될 수 있다는 장점이 있다.

R 소프트웨어는 원래 통계 분석용 프로그래밍 환경에서 시작되었다. 그러나 오픈소스 환경에서 수많은 개발자들이 다양한 패키지를 개발하면서, 그 기능이 나날이 확장되고 있다. 최근 각광받고 있는 빅데이터 분석이나 데이터 시각화 등 다양한 기능을 가진 패키지들이 개발되어 제공되고 있으며, 이러한 특성으로 말미암아 R 소프트웨어는 빅데이터의 분석도구로 가장 많이 사용되고 있다. R 소프트웨어는 공간정보를 처리하고 분석할 수 있는 패키지도 제공하고 있다. 따라서 R 소프트웨어가 가지고 있던 통계분석 기능과 그래픽 기능과 함께 공간정보의 처리와 분석, 공간 빅데이터 분석과 같은 다양한 기능이 결합되면서, R 소프트웨어는 공간정보 분석에 강력한 기능을 발휘할 수 있다.

2.1.2 R 소프트웨어의 설치

R 소프트웨어는 오픈소스이기 때문에 누구나 홈페이지에 접속해서 설치할 수 있다. 또한 CRAN (the Comprehensive R Archive Network)을 통해서 핵심적인 패키지와 다양한 패키지를 활용할 수 있다. R 소프트웨어는 그림 2.1과 같이 홈페이지(http://r-project.org)에서 다운로드 받을 수 있다.

그림과 같이 좌측 상단의 CRAN 부분을 클릭하면 전 세계 국가의 미러 사이트가 나타나며, 이 중에서 우리나라(Korea)에 해당하는 사이트를 클릭하여 R 소프트웨어를 다운로드한다. 다운로드 후 설치된 R 소프트웨어의 초기 화면은 그림 2.2와 같다.

그림과 같이 R 소프트웨어는 ">"로 표시된 프롬프트에서 명령어 또는 프로그래밍 코드를 입력하여 실행된다. R 소프트웨어는 한 줄을 입력하여 엔터를 입력할 때마다 결과가 나타난다. 따라서 여

<그림 2.1> R 소프트웨어 홈페이지 화면

<그림 2.2> R 소프트웨어의 초기 화면

러 줄로 구성된 프로그램 코드를 수행하기 위해서는 다소 불편한 점이 있다. 이와 같은 문제를 해결하기 위해서 R 소프트웨어의 분석 환경을 제공하는 도구가 R studio이다. R studio는 R 소프트웨어를 편리하게 이용하기 위하여 제공되는 보조 프로그램이며, R 소프트웨어의 기능을 가지고 있지는 않다. 즉 R studio는 R 소프트웨어와는 별개의 소프트웨어이며, 반드시 R 소프트웨어를 설치한 후 설치하여야 한다. R studio는 홈페이지(http://www.rstudio.com)에 접속하여 다운로드 받을 수 있다. 그림 2.3과 같이 홈페이지 초기화면에서 상단에 나타나는 "DOWNLOAD"를 클릭하여 프로

〈그림 2.3〉 R studio 홈페이지 화면

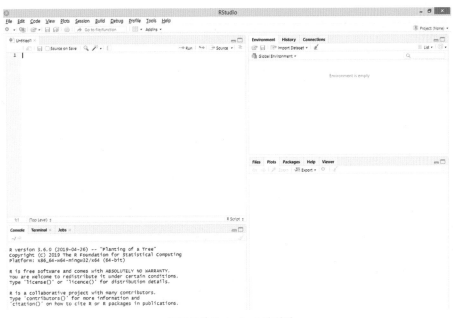

〈그림 2.4〉 R studio 초기 화면

그램을 다운로드받을 수 있다.

R studio의 초기 화면은 그림 2.4와 같다. 그림에서 왼쪽 하단 부분은 R 소프트웨어 화면과 같은 명령어 입력(console) 부분이며, 왼쪽 상단 부분은 프로그램을 코딩하는 부분이다. 오른쪽 상단 부분은 프로그램의 수행과정에서 저장하는 변수나 벡터의 내용을 표시하며, 오른쪽 하단 부분에는 패키지의 설치 내용이나 프로그램의 그래픽 처리 결과 등이 나타난다.

R studio에서 프로그램 코드는 왼쪽 상단 부분에서 입력한다. 프로그램 코드를 입력한 후 화면 상단의 "Run" 아이콘을 클릭하면 프로그램이 수행된다. 이와 별도로 화면에서 커어서가 위치한 지점에서 〈Ctrl〉-〈Enter〉 키를 입력하면 해당 줄만 프로그램이 수행된다. 프로그램이 수행되는 내용과 결과는 화면 아래의 console 부분에 나타난다.

R 소프트웨어는 통계분석 프로그램이긴 하지만 사용 방법은 일반 프로그래밍 언어와 유사하다. 즉 프로그래밍 언어와 같이 변수와 상수를 이용하며, 다양한 함수 기능도 제공하고 있다. 따라서 R 소프트웨어를 수행하기 위해서는 변수나 상수의 정의, 연산자를 이용한 연산, 함수 호출과 같은 간단한 프로그래밍 지식이 필요하다. R 소프트웨어에서 주로 사용하는 변수는 다음과 같다.

2.2 R 데이터 변수

2.2.1 벡터

일반적인 프로그래밍에서는 하나의 변수에 하나의 값만을 입력하지만 R에서는 벡터를 이용하여 하나의 변수에 여러 개의 값을 입력할 수 있다. 벡터를 만들기 위해서는 c( ) 함수를 이용한다. c( ) 함수에서 괄호 안에 벡터 값을 나열하면 하나의 벡터에 여러 값을 입력할 수 있다. 생성된 벡터의 내용을 보기 위해서는 변수 이름만 입력하면 된다. R 스튜디오의 console에서 다음 줄을 입력한다.

```
〉a 〈- c(1, 2, 3, 4, 5)
```

이것은 a 변수의 벡터에 1, 2, 3, 4 ,5의 값을 저장하라는 의미이다. a 변수의 내용을 알고 싶으면 단순히 변수 이름만 console에서 입력하면 그 내용이 나타난다.

```
〉a
##[1] 1 2 3 4 5
```

이러한 벡터를 이용하여 평균이나 표준편차와 같은 통계량을 계산할 수도 있으며, 다양한 산술함수를 적용할 수도 있다.

```
〉mean(a)   # a 벡터(1, 2, 3, 4, 5)의 평균을 출력
##[1] 3
〉sd(a)     # a 벡터의 표준편차를 출력
```

```
## [1] 1.581139
> length(a)  # a 벡터의 길이(데이터 수)를 출력
## [1] 5
```

2.2.2 매트릭스

벡터의 경우 1차원 행렬의 형태로 하나의 열에 기록된 데이터만 사용할 수 있다. 매트릭스는 2차원 행렬의 형태로 가로와 세로의 크기를 정하여 값을 입력할 수 있다. 매트릭스의 작성은 matrix 함수로 이루어지며, 이때 ncol 옵션을 이용하여 열의 수를 지정할 수 있다.

```
> b <- matrix(c(1, 2, 3, 4, 5, 6), ncol=3)
> b
##      [,1] [,2] [,3]
## [1,]   1    3    5
## [2,]   2    4    6
```

위의 방법으로 매트릭스를 만들면 1과 2는 하나의 열에 포함된다. 만약 1, 2, 3을 하나의 행으로 포함하고 싶다면 byrow=T라는 옵션을 추가한다.

```
> b <- matrix(c(1, 2, 3, 4, 5, 6), ncol=3, byrow=T)
> b
##      [,1] [,2] [,3]
## [1,]   1    2    3
## [2,]   4    5    6
```

기존의 벡터나 매트릭스에 다른 벡터(또는 메트릭스)를 추가하는 경우 rbind와 cbind 함수를 사용한다. rbind는 기존의 데이터 다음 행에 데이터를 추가하는 것이고, cbind는 기존의 데이터 다음 열에 데이터를 추가하는 것이다. cbind를 이용하면 원래 각각의 벡터였던 데이터를 합쳐서 매트릭스의 형태로 변환할 수도 있다.

다음의 사례와 같이 x라는 벡터에는 경도 값만을, y라는 벡터에는 위도 값만을 입력하였을 때, cbind를 이용하면 두 벡터를 합친 매트릭스가 생성된다.

```
> x <- c(126.955249, 126.953509, 126.938566, 127.027741)
> y <- c(37.602651, 37.460503, 37.565955,37.591071)
```

```
> xy <- cbind(x, y)
> xy
##        x         y
## [1,] 126.9552 37.60265
## [2,] 126.9535 37.46050
## [3,] 126.9386 37.56596
## [4,] 127.0277 37.59107
```

생성된 매트릭스의 내용을 보기 위해서는 변수 이름만 입력하면 된다. 하나의 열만 보기 위해서는 변수이름[,1]을 입력하는데, 여기서 1은 보고자 하는 열의 번호이다. 하나의 행만 보기 위해서는 변수이름[1,]을 입력하는데, 여기서 1은 보고자 하는 행의 번호이다.

```
> xy     # 매트릭스 xy의 내용 전체 보기
##        x         y
## [1,] 126.9552 37.60265
## [2,] 126.9535 37.46050
## [3,] 126.9386 37.56596
## [4,] 127.0277 37.59107
> xy[1,]  # 매트릭스 xy의 1번행 내용 보기
##        x         y
## 126.95525  37.60265
> xy[,2]  # 매트릭스 xy의 2번열 내용 보기
## [1] 37.60265 37.46050 37.56596 37.59107
```

2.2.3 데이터 프레임

벡터와 매트릭스는 같은 유형의 데이터만 기록할 수 있다. 즉 1차원의 벡터이든, 2차원의 매트릭스이던 기록되는 데이터의 유형은 모두 숫자형이거나 문자형이어야 한다. 데이터 프레임의 경우는 컬럼마다 다른 유형의 데이터를 기록할 수 있다. 예를 들어 첫 번째 컬럼에는 문자형을, 두 번째 컬럼에는 숫자형을 쓸 수 있으며, 각 컬럼에는 이름을 부여한다. 데이터프레임에서 이러한 컬럼을 필드라 한다. 데이터프레임은 일반적인 테이블 형태라 할 수 있으며, 데이터베이스 테이블 형태 또는 엑셀 파일 형태와도 유사하다. 데이터프레임은 data.frame이라는 함수를 이용하여 생성한다. 이 함수는 기존의 벡터나 매트릭스 형태의 데이터를 데이터프레임의 형태로 변환시키는 기능을 한다.

다음은 x와 y, name 벡터를 만든 후, univ라는 데이터프레임을 작성하는 과정이다. 첫 세 줄은 각각의 벡터를 작성하는 과정이다. 네 번째 줄에는 name 벡터의 자료를 가져와 이름이 Name이라는 필드로, x 벡터의 자료를 가져와 이름이 Logitude라는 필드로, y 벡터의 자료를 가져와 이름이 Latitude라는 필드로 구성된 데이터프레임 univ를 작성하는 과정이다.

```
> x <- c(126.9552, 127.0526,126.9385, 127.0277) # 벡터 x 작성
> y <- c(37.6026, 37.5954, 37.5659,37.5911)      # 벡터 y 작성
> name <- c("상명대학교","경희대학교","연세대학교","고려대학교")    # 벡터 name 작성
> univ <- data.frame(Name=name, Longitude=x, Latitude=y) # 데이터프레임 작성
> univ
##   No  Name  Longitude Latitude
## 1 상명대학교  126.9552 37.6026
## 2 경희대학교  127.0526 37.5954
## 3 연세대학교  126.9385 37.5659
## 4 고려대학교  127.0277 37.5911
```

데이터프레임의 특징은 텍스트 화일이나 엑셀(csv)화일의 형태를 그대로 읽어서 불러올 수 있다

```
Name Longitude Latitude
상명대학교  126.9552  37.6026
경희대학교  127.0526  37.5954
연세대학교  126.9385  37.5659
고려대학교  127.0277  37.5911
```

〈그림 2.5〉 메모장을 이용한 데이터프레임 작성 사례

는 점이다. 만일 위의 사례와 같은 데이터를 텍스트 파일로 구성한다면 그림 2.5와 같을 것이다.

텍스트 파일에서는 첫 줄에 변수(컬럼) 이름이 나타나며, 각 변수나 자료 사이는 공백으로 구분한다. 윈도우 시작화면에서 메모장을 선택한 후 그림 2.5와 같은 내용의 텍스트 파일을 작성하고 저장 위치는 "내문서" 폴더의 "univ.txt"로 저장한다.

R 소프트웨어에서는 다음과 같이 read.table 함수를 이용하여 "univ.txt"라는 텍스트 파일을 읽어 univ라는 데이터프레임에 저장할 수 있다. 그림 2.5의 경우와 같이 텍스트 화일의 첫 줄에 필드 이름이 있을 경우는 header=T라는 옵션을 붙이고, 텍스트 파일의 첫 줄부터 데이터만 있을 경우에는 이 옵션을 생략한다.

```
> univ <- read.table("univ.txt", header=T) #텍스트 화일을 읽어 데이터프레임에 저장
> univ
##      Name  Longitude Latitude
## 1 상명대학교  126.9552 37.6026
## 2 경희대학교  127.0526 37.5954
```

3 연세대학교 126.9385 37.5659

4 고려대학교 127.0277 37.5911

엑셀 파일을 데이터프레임으로 가져올 경우 csv 파일(쉼표로 분리)을 이용한다. 그림 2.6과 같이 엑셀 프로그램에서 내용을 작성한 후 파일 메뉴에서 "다른 이름으로 저장"을 선택하고, 파일 이름은 "univ", 파일 형식은 "CSV(쉼표로 분리)"을 선택하여 저장한다.

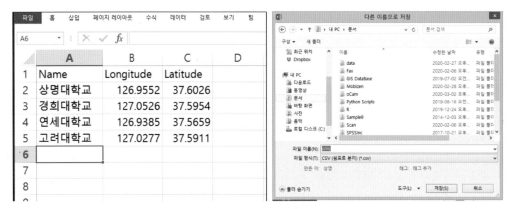

〈그림 2.6〉 엑셀을 이용한 데이터프레임 작성 사례

저장된 파일은 다음과 같이 read.csv 함수를 이용하여 데이터프레임으로 읽을 수 있다.

```
) univ <- read.csv("univ.csv")     # 엑셀 csv 화일을 읽어 데이터프레임에 저장
) univ
##        Name  Longitude Latitude
## 1 상명대학교  126.9552 37.6026
## 2 경희대학교  127.0526 37.5954
## 3 연세대학교  126.9385 37.5659
## 4 고려대학교  127.0277 37.5911
```

생성된 데이터프레임의 내용을 보기 위해서는 변수 이름만 입력하면 된다. 매트릭스의 경우와 같이 하나의 열만 보기 위해서는 변수이름[,1]을 입력하는데, 여기서 1은 보고자 하는 열의 번호이다. 하나의 행만 보기 위해서는 변수이름[1,]을 입력하는데, 여기서 1은 보고자 하는 행의 번호이다. 또한 "변수$필드명"의 형태를 이용하면 원하는 필드의 내용을 볼 수도 있다.

```
> univ      # 데이터프레임 univ의 내용 전체 보기
##        Name  Longitude Latitude
## 1 상명대학교  126.9552 37.6026
## 2 경희대학교  127.0526 37.5954
## 3 연세대학교  126.9385 37.5659
## 4 고려대학교  127.0277 37.5911
> univ[1,]  # 데이터프레임 univ의 1번행 내용 보기
##        Name Longitude Latitude
## 1 상명대학교  126.9552  37.6026
> univ[,2]  # 데이터프레임 univ의 2번열 내용 보기
##[1] 126.9552 127.0526 126.9385 127.0277
> univ$Name # 데이터프레임 univ에서 Name 필드의 내용 보기
## [1] 상명대학교 경희대학교 연세대학교 고려대학교
```

2.3 공간정보 처리 패키지

R 소프트웨어는 사용자들이 개발한 패키지를 결합하여 보다 다양한 기능을 수행할 수 있다. 패키지를 설치하는 방법은 console 화면에서 install.packages 함수를 이용하면 된다.

```
> install.packages("패키지 이름")
```

R studio를 이용할 경우 화면 우측 하단의 창에서 "Packages" 탭을 선택한 후, "install" 아이콘을 클릭하면 같은 기능을 수행한다. 패키지는 한번만 설치하면 같은 컴퓨터에서 계속 사용할 수 있다. 패키지를 이용하기 위해서는 반드시 library 함수를 이용하여 패키지를 사용하겠다는 선언이 필요하다.

```
> library(패키지 이름)
```

따라서 R 소프트웨어에서 패키지를 사용하기 위해서는 설치 이후에 반드시 library 함수로 선언을 하여야 한다. 여기서 library 함수는 따옴표(")를 사용하지 않는다. 컴퓨터에 패키지가 이미 설치되어 있는 경우에는 library 함수만 선언하면 패키지를 사용할 수 있다.

R 소프트웨어에서 공간정보를 다루는 패키지는 많은 종류가 있다. 수많은 사용자들이 R 소프트웨어에서 공간정보를 다루기 위한 패키지를 개발하고 있기 때문이다. 여기서는 수많은 패키지 중에서 가장 많이 사용되면서 OpenGIS에서 정하고 있는 스펙을 잘 따르고 있는 패키지를 이용하고자 한다. 이 책에서 주로 이용되는 공간정보 관련 패키지는 다음과 같다.

2.3.1 sp

공간정보 데이터를 정의하는 클래스와 매소드를 제공하는 패키지이다. 2차원 및 3차원 공간 데이터의 클래스를 정의하며, 지도 제작, 공간 검색, 좌표체계, 데이터 수정 등 다양한 공간 데이터 처리 기능을 제공한다. sp 패키지의 설치와 라이브러리 선언은 다음과 같다.

```
> install.packages("sp")
> library(sp)
```

2.3.2 rgdal

지리공간 데이터를 정의하고 다양한 형태의 데이터 포맷을 다룰 수 있는 기능을 제공하는 라이브러리이다. Geospatial Data Abstraction Library(GDAL)에서 정의한 벡터 데이터와 래스터 데이터에 접근할 수 있는 기능을 제공한다. 따라서 R에서 공간 데이터의 입력과 출력 과정에서 사용할 수 있는 데이터 포맷을 제공한다. rgdal 패키지의 설치와 라이브러리 선언은 다음과 같다.

```
> install.packages("rgdal")
> library(rgdal)
```

2.3.3 rgeos

공간 데이터의 기하학적 연산 기능을 수행하는 패키지이다. Geometry Engine Open Source (GEOS)에서 정의한 위상관계와 기하학적 측정, 그리고 공간 분석 기능을 제공한다. 따라서 공간 데이터의 측정과 공간 데이터 처리, 공간 중첩 등 위치 정보를 이용한 다양한 연산을 수행할 수 있는 기능을 제공한다. rgeos 패키지의 설치와 라이브러리 선언은 다음과 같다.

```
> install.packages("rgeos")
> library(rgeos)
```

2.3.4 ggmap

R 소프트웨어의 그래픽 처리 패키지인 ggplot2로부터 공간 정보를 시각화하는 패키지이다. 구글 맵이나 Stamen 맵과 같은 다양한 온라인 소스에서 제공하는 지도를 이용하여 공간 데이터를 시각화하는 기능을 제공한다. 또한 구글 맵에서 제공하는 위치 표현이나 분석 기능도 함께 이용할 수 있다. ggmap 패키지의 설치와 라이브러리 선언은 다음과 같다.

```
> install.packages("ggmap")
> library(ggmap)
```

2.3.5 tmap

공간정보를 이용하여 주제도를 제작하는 기능을 제공하는 패키지이다. 주제도 제작을 위한 간편한 기능을 제공하는 패키지로 단계구분도, 버블 맵과 같은 다양한 종류의 주제도를 제작하고 시각화할 수 있다. tmap의 설치와 라이브러리 선언은 다음과 같다.

```
> install.packages("tmap")
> library(tmap)
```

2.3.6 spatstat

공간에 분포한 점 패턴 분석 기능을 제공하는 패키지이다. 2차원의 점 패턴은 물론 3차원과 시공간, 다차원 공간에서의 점 패턴 분석을 할 수 있다. 방격 분석, 최근린 분석 등 점패턴 분석을 위한 다양한 공간통계 기능을 제공한다. spatstat의 설치와 라이브러리 선언은 다음과 같다.

```
> install.packages("spatstat")
> library(spatstat)
```

2.3.7 raster

래스터 격자형 데이터의 처리와 분석 기능을 제공하는 패키지이다. 래스터 데이터를 대상으로 기본적인 입출력 기능과 분석, 그리고 고급 처리 기능까지 포함하고 있다. 래스터 데이터 이외에 벡터 데이터를 대상으로도 교집합 연산과 같은 기본적인 연산 기능을 제공한다. raster의 설치와 라이브러리 선언은 다음과 같다.

```
> install.packages("raster")
> library(raster)
```

2.3.8 spdep

공간적 자기상관의 측정을 위한 분석 기능을 제공하는 패키지이다. 폴리곤 데이터로부터 인접 행렬 작성, 거리 가중 행렬 작성, 공간 데이터 분석에 필요한 공간통계 기능이 있으며, Moran's I와 Geary's C 등 공간적 자기상관을 측정하는 기능이 있다. 국지적인 공간적 자기상관 분석 기능도 제공한다. spdep의 설치와 라이브러리 선언은 다음과 같다.

```
> install.packages("spdep")
> library(spdep)
```

2.3.9 gstat

지리통계(geostatistics) 기능을 제공하는 패키지이다. 베리오그램 측정, 단순 크리깅(kriging), 코크리깅(co–kriging), 시공간적 크리깅과 같은 공간 보간 기능을 제공한다. 또한 역거리 가중 내삽법과 같은 일반적인 공간 보간 기능도 갖추고 있다. gstat의 설치와 라이브러리 선언은 다음과 같다.

```
> install.packages("gstat")
> library(gstat)
```

2.3.10 spgwr

공간 데이터를 이용하여 거리가중 회귀분석(geographically weighted regression) 기능을 제공하는 패키지이다. 공간 데이터의 회귀분석을 위하여 거리를 가중치로 부여하고 회귀계수를 도출하는 기능을 가지고 있다. spgwr의 설치와 라이브러리 선언은 다음과 같다.

```
> install.packages("spgwr")
> library(spgwr)
```

공간정보의
처리

II

R

3. R의 공간정보 데이터 구조

R에서는 sp라는 패키지를 통해 공간정보를 다루고 있다. sp 패키지는 공간정보를 정의하고 공간 분석과 모델링에 필요한 기능을 제공하고 있다. sp 패키지의 Spatial 클래스는 공간정보 데이터 유형을 정의하고 있다. R에서는 Spatial 클래스에 정의된 형태로 공간정보를 구성하며, 공간정보의 형태에 따라 점, 선 면 형태의 벡터 데이터와 화소 형태의 래스터 데이터로 구분할 수 있다.

3.1 점 데이터 구조

Spatial 클래스에서 점 데이터는 위치 정보를 나타내는 SpatialPoints 클래스와 여기에 속성정보가 추가된 SpatialPiointsDataFrame 클래스로 정의된다. 즉 단순히 점 데이터의 위치만을 좌표값으로 표현되어 있는 클래스는 SpatialPoints이며, 이 클래스에 데이터프레임 형태의 속성정보가 추가될 경우 SpatialPointsDataFrame 클래스로 형성된다. 따라서 R 프로그래밍에서 점 데이터를 구현하기 위해서는 먼저 점 데이터의 좌표값을 SpatialPoints라는 클래스로 정의하고, 각 점 데이터의 속성정보는 데이터프레임으로 정의한 후, 이들을 결합하는 과정을 거친다. SpatialPoints 클래스에서는 점 데이터의 좌표값을 표현할 때 이용되는 좌표체계는 CRS(coordinate referencing system) 클래스에 의해 정의된다. 이러한 과정을 그림으로 나타내면 그림 3.1과 같다.

그림에서 SpatialPointsDataFrame은 위치 정보를 나타내는 SpatialPoints와 속성정보를 나타내는 data.frame으로 구성되어 있으며, SpatialPoints는 다시 공간 범위를 표현하는 bbox와 좌표체계를 나타내는 proj4string으로 구성된 Spatial 클래스로 구성된다.

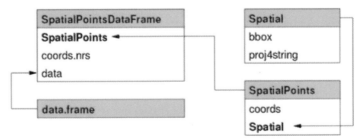

〈그림 3.1〉 점 객체의 클래스 구성도

출처: Bivand et. al., Applied spatial data analysis with R. p. 35

R에서 점 데이터 객체를 생성하는 과정은 먼저 점 데이터 위치 정보의 좌표값과 좌표체계를 이용하여 SpatialPoints 객체를 생성하고, 이를 속성정보의 데이터프레임과 연결한다. 구체적인 과정은 다음과 같다.

① 점 데이터의 x좌표와 y좌표를 데이터프레임으로 구성한다. 즉 데이터프레임에 x 좌표와 y 좌표를 담고 있는 필드를 구성한다.

```
) x <- c(126.9552, 127.0526,126.9385, 127.0277)
) y <- c(37.6026, 37.5954, 37.5659,37.5911)
) name <- c("상명대학교","경희대학교","연세대학교","고려대학교")
) univ <- data.frame(Longitude=x, Latitude=y)
```

② CRS 함수를 이용하여 좌표체계 정보를 정의한다. CRS 함수에 의해 정의된 좌표체계는 하나의 객체로 저장되어 SpatialPoints 객체의 생성에 이용된다. 위의 사례와 같이 공간 객체로 저장될 좌표 체계가 경도와 위도로 구성된 WGS84 좌표계일 경우는 다음과 같이 WGS84 좌표계를 정의하여 좌표계 객체(cs)를 생성한다.

```
) cs <- CRS("+proj=longlat +datum=WGS84")
```

③ 좌표값을 가진 데이터프레임에 좌표체계 정보를 추가하여 SpatialPoints 객체를 만든다. 즉 SpatialPoints라는 함수를 이용하여 ①에서 생성한 데이터프레임(univ)과 매개변수 proj4string에 ②에서 생성한 CRS 좌표계 객체(cs)를 정의함으로써 점 객체(sp)를 생성한다. 구체적인 함수의 사용예는 다음과 같다.

```
) sp <- SpatialPoints(univ, proj4string=cs)
```

④ SpatialPoints 객체에 속성 데이터를 결합하여 위치정보와 속성정보가 결합된 공간정보를 구성한다. SpatialPointsDataFrame 함수를 이용하여 SpatialPoints 객체(sp)에 데이터프레임 형태의 속성 정보를 추가한다. 다음은 SpatialPoints 객체(sp)에 각 대학의 학교명을 담은 벡터(name)를 데이터프레임의 형태의 속성정보로 결합하고 최종적으로 SpatialPointsDataFrame 객체(spdf)를 작성한 사례이다.

```
) spdf <- SpatialPointsDataFrame(sp, data=data.frame(Name=name))
```

지금까지의 과정을 거쳐 생성된 공간 객체와 공간 데이터프레임 객체를 지도로 출력한 결과는 그

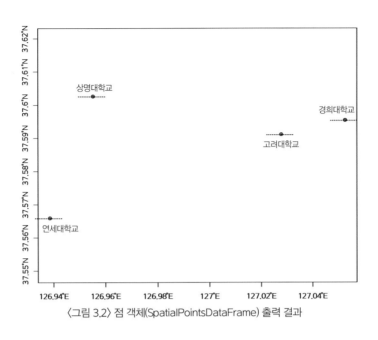

〈그림 3.2〉 점 객체(SpatialPointsDataFrame) 출력 결과

림 3.2와 같다.

```
> plot(spdf, axes=T, pch=10)                                    # 그래프로 출력
> text(spdf, name)
```

3.2 선 데이터 구조

Spatial 클래스에서 선 데이터는 점 데이터와 달리 다소 복잡하게 표현된다. 하나의 선 레이어
는 SpatialLines라는 하부 클래스로 정의되고, 여기에 데이터프레임 형태의 속성정보가 결합되면
SpatialLinesDataFrame 클래스로 정의된다. SpatialLines 클래스는 다시 이를 구성하고 있는 선의
집합인 Lines 클래스로 구성되고, Lines 클래스는 선의 모양을 표현하는 꼭지점의 좌표를 가진 Line
클래스로 구성된다. 이러한 과정은 그림 3.3과 같다. 여기서 Lines 클래스는 여러 개의 선 데이터가
모여 하나의 선 사상을 표현하는 경우로 GIS에서는 멀티 파트(multi part)라 한다. 멀티 파트란 GIS
소프트웨어에서 하나의 선 데이터를 화면에서 선택하였는데, 다수의 선 데이터가 선택되는 경우이
다. 예를 들면 서울 지하철 2호선을 선택할 경우, 순환선 이외에 성수역이나 신도림역의 지선도 함
께 선택되는 경우이다.

R 프로그래밍에서는 우선 선 데이터의 모양을 좌표값으로 구성하여 Line 객체를 생성한 후, 이를

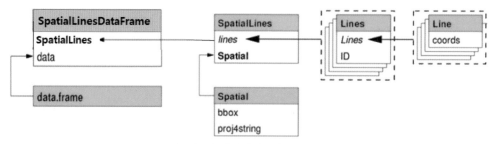

〈그림 3.3〉 선 객체의 클래스 구성도

출처: Bivand et. al,, Applied spatial data analysis with R. p. 40 재구성

합쳐 Lines 객체를 생성한다. SpatialLines 함수를 이용하여 생성된 Lines 객체를 다시 합치고 좌표계 정보를 부여하면 SpatialLines 객체가 형성된다. 마지막으로 SpatialLinesDataFrame 함수를 이용하여 SpatialLines 객체와 데이터프레임의 속성정보를 결합하여 선 데이터를 생성한다. R 프로그래밍에서 선 객체를 생성하는 구체적인 과정은 다음과 같다. 본 사례에서는 서울시의 지하철 1호선과 2호선의 일부 구간을 선 객체로 생성하는 과정을 나타내고자 한다.

① 선 데이터의 x좌표와 y좌표를 각각 벡터로 구성하고 cbind 함수를 이용하여 x좌표와 y 좌표를 합쳐 선 데이터의 좌표값을 매트릭스로 작성한다. 본 장에서는 두 개의 선 데이터를 작성할 예정이기 때문에 x 좌표와 y 좌표를 담는 변수를 각각 x1, y1, x2, y2로 정의하고, x1과 y1으로 이루어진 좌표값 변수를 l1, x2과 y2으로 이루어진 좌표값 변수를 l2로 정의한다.

```
〉 x1 <- c(126.9720783, 126.9724216, 126.9763698, 126.9773139, 126.9771953)
〉 y1 <- c(37.5552812, 37.5570503, 37.5610647, 37.5657592, 37.5702657)
〉 l1 <- cbind(x1,y1)
〉 x2 <- c(126.9644515, 126.9671981, 126.9774978, 126.9793002, 126.9931189)
〉 y2 <- c(37.5595652, 37.5616064, 37.5643959, 37.5660287, 37.5663008)
〉 l2 <- cbind(x2,y2)
```

② Line 함수를 이용하여 각각의 좌표값으로 이루어진 변수를 선 객체로 작성한다. l1 변수의 좌표값으로 작성된 선 객체는 ln1, l2 변수의 좌표값으로 작성된 선 객체는 ln2로 정의한다.

```
〉 ln1 <- Line(l1)
〉 ln2 <- Line(l2)
```

③ Lines 함수를 이용하여 Line 객체를 list 함수로 묶어 Lines 객체를 생성한다. 본 사례에서는 ln1

은 1호선, ln2는 2호선의 일부 구간을 표현할 것이므로 별도의 멀티 파트를 구성하지는 않는다. 이와 같이 멀티 파트를 구성하지 않을 경우에는 list 함수에서 하나의 객체만 설정한다. 여기서 ln1의 Line 객체에 1의 ID 값을 부여하여 lns1이라는 Lines 객체로, ln2의 Line 객체에 2의 ID 값을 부여하여 lns2라는 Lines 객체로 생성한다. 만일 멀티 파트를 구성할 경우 list 함수에서 멀티 파트로 구성할 Line 객체의 이름을 나열한다.

```
> lns1 <- Lines(list(ln1), ID=1)
> lns2 <- Lines(list(ln2), ID=2)
```

④ CRS 함수를 이용하여 좌표체계 정보를 정의하고, SpatialLines 함수를 이용하여 Lines 객체를 SpatialLines 객체로 작성한다. 포인트 객체의 경우와 마찬가지로 CRS 함수를 이용하여 WGS84 좌표체계로 정의한 좌표계 객체(cs)를 생성한다. SpatialLines 함수를 이용하여 Lines 객체를 list 함수로 묶어 SpatialLines 객체(slns)를 생성한다. 이때 매개변수 proj4string에 좌표계 객체(cs)를 정의한다.

```
> cs <- CRS("+proj=longlat +datum=WGS84")
> slns <- SpatialLines(list(lns1, lns2), proj4string=cs)
```

⑤ SpatialLines 객체에 속성 데이터를 결합하여 위치정보와 속성정보가 결합된 공간정보를 구성한다. SpatialLinesDataFrame 함수를 이용하여 SpatialLines 객체(slns)에 데이터프레임 형태의 속성 정보를 추가한다. 먼저 data.frame 함수를 이용하여 속성정보를 데이터프레임 형태로 작성한다. 앞서 Lines를 작성할 때 정의한 ID 변수의 값을 참조하여 위치정보와 속성정보가 결합되기 때문에 속성정보에는 반드시 ID라는 변수가 정의되어야 한다. 본 사례에서는 ID 변수와 name 변수로 구성된 데이터프레임을 작성하고 ID 변수에는 1과 2의 값을, name 변수에는 "1호선"과 "2호선"의 값을 각각 부여하였다. 최종적으로 SpatialLinesDataFrame 함수를 이용하여 SpatialLines에 포함된 위치정보와 데이터프레임이 포함된 속성정보를 결합하여 SpatialLinesDataFrame 객체(slnsdf)를 작성한다.

```
> subno <- data.frame(ID = c(1,2), name=c("1호선", "2호선"))
> slnsdf <- SpatialLinesDataFrame(slns, data=subno)
```

지금까지의 선 데이터의 공간 객체와 공간 데이터프레임 객체를 생성한 결과를 지도로 출력한 결과는 그림 3.4와 같다.

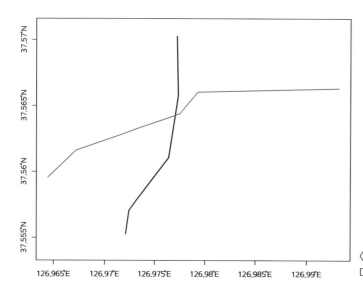

<그림 3.4> 선 객체(SpatialLines
DataFrame) 출력 결과

> plot(slnsdf, axes=T, col=1:2)

3.3 면 데이터 구조

일반적으로 GIS에서 면 데이터는 닫혀진 다각형의 형태로 표현되며, 다각형의 꼭지점의 위치는
좌표로 표현된다. 따라서 면 데이터의 모양은 꼭지점의 좌표값을 가진 다각형의 형태로 표현된다.
단지 면 데이터는 폐곡선을 유지하여야 하기 때문에 첫 번째 꼭지점과 마지막 꼭지점의 좌표값이
일치하여야 하며, 일치하지 않을 경우 마지막 꼭지점과 첫 번째 꼭지점을 선분으로 이어서 닫혀진
다각형을 형성한다. 따라서 Spatial 클래스에서 면 데이터의 표현 방법은 선 데이터의 경우와 유사
하다. 하나의 면 레이어는 SpatialPolygons라는 하부 클래스로 정의되고, 여기에 데이터프레임 형
태의 속성정보가 결합되면 SpatialPolygonsDataFrame 클래스로 정의된다. SpatialPolygons 클래
스는 다시 이를 구성하고 있는 다각형의 집합인 Polygons 클래스로 구성되고, Polygons 클래스는
다각형의 꼭지점 좌표를 가진 Polygon 클래스로 구성된다. 이러한 과정은 그림 3.5와 같다. 여기서
Polygons 클래스는 선 데이터의 경우와 같이 여러 개의 다각형이 모여 하나의 면 사상을 표현하는
멀티 파트(multi part)를 정의한 것이다.

R 프로그래밍에서는 우선 다각형의 꼭지점을 좌표값으로 구성하여 Polygon 객체를 생성한
후, 이를 합쳐 Polygons 객체를 생성한다. SpatialPolygons 함수를 이용하여 생성된 Polygons

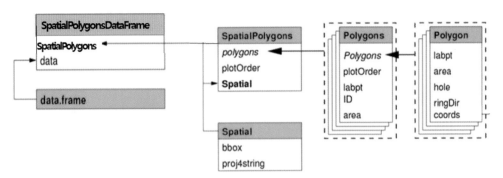

〈그림 3.5〉 면 객체의 클래스 구성도

출처: Bivand et al,, Applied spatial data analysis with R, p.40 재구성

객체를 다시 합치고 좌표계 정보를 부여하면 SpatialPolygons 객체가 형성된다. 마지막으로 SpatialPolygonsDataFrame 함수를 이용하여 SpatialPolygons 객체와 데이터프레임 형태의 속성정보를 결합하여 면 데이터를 생성한다. R 프로그래밍에서 선 객체를 생성하는 구체적인 과정은 다음과 같다. 본 사례에서는 서울시의 경복궁과 덕수궁의 모양을 간략한 다각형으로 표현하여 면 객체로 생성하는 과정을 나타내고자 한다.

① 다각형 꼭지점의 x좌표와 y좌표를 각각 벡터로 구성하고 cbind 함수를 이용하여 x좌표와 y좌표를 합쳐 다각형 꼭지점의 좌표값을 매트릭스로 작성한다. 본 장에서는 두 개의 면 데이터를 작성할 예정이기 때문에 x 좌표와 y 좌표를 담는 변수를 각각 x1, y1, x2, y2로 정의하고, x1과 y1으로 이루어진 좌표값 변수를 p1, x2과 y2으로 이루어진 좌표값 변수를 p2로 정의한다.

```
〉 x1 = c(126.9744937, 126.9737212, 126.9740645, 126.9768111, 126.979386, 126.9801585,
126.979386, 126.9794719, 126.9778411)
〉 y1 = c(37.5756889, 37.5799063, 37.5831712, 37.5837834, 37.5831712, 37.5818789, 37.578886,
37.5763691, 37.5758929)
〉 p1 = cbind(x1,y1)
〉 x2 = c(126.9769001, 126.9769538, 126.9750011, 126.9742823, 126.973939, 126.9732845,
126.9735527, 126.9736064, 126.9741106, 126.9759989)
〉 y2 = c(37.5648948, 37.5665361, 37.5665956, 37.5668933, 37.5675056, 37.5674545,
37.5664851, 37.5652264, 37.5647757, 37.5649458)
〉 p2 〈- cbind(x2,y2)
```

② Polygon 함수를 이용하여 각각의 좌표값으로 이루어진 변수를 면 객체로 작성한다. p1 변수의

좌표값으로 작성된 면 객체는 pl1, p2 변수의 좌표값으로 작성된 면 객체는 pl2로 정의한다.

```
> pl1 <- Polygon(p1)
> pl2 <- Polygon(p2)
```

③ Polygons 함수를 이용하여 Polygon 객체를 list 함수로 묶어 Polygons 객체를 생성한다. 본 사례에서는 pl1은 경복궁, pl2는 덕수궁의 모양을 표현할 것이므로 별도의 멀티 파트를 구성하지는 않는다. 이와 같이 멀티 파트를 구성하지 않을 경우에는 list 함수에서 하나의 객체만 설정한다. 여기서 pl1의 Polygon 객체에 1의 ID 값을 부여하여 polys1이라는 Polygons 객체로, pl2의 Polygon 객체에 2의 ID 값을 부여하여 polys2라는 Polygons 객체로 생성한다. 만일 멀티 파트를 구성할 경우 list 함수에서 멀티 파트로 구성할 Polygon 객체의 이름을 나열한다.

```
> polys1 <- Polygons(list(pl1), ID=1)
> polys2 <- Polygons(list(pl2), ID=2)
```

④ CRS 함수를 이용하여 좌표체계 정보를 정의하고, SpatialPolygons 함수를 이용하여 Polygons 객체를 SpatialPolygons 객체로 작성한다. 포인트 객체의 경우와 마찬가지로 CRS 함수를 이용하며 WGS84 좌표체계로 정의한 좌표계 객체(cs)를 생성한다. SpatialPolygons 함수를 이용하여 Polygons 객체를 list 함수로 묶어 SpatialPolygons 객체(spolys)를 생성한다. 이때 매개변수 proj4string에 좌표계 객체(cs)를 정의한다.

```
> cs <- CRS("+proj=longlat +datum=WGS84")
> spolys <- SpatialPolygons(list(polys1, polys2), proj4string=cs)
```

⑤ SpatialPolygons 객체에 속성 데이터를 결합하여 위치정보와 속성정보가 결합된 공간정보를 구성한다. SpatialPolygonsDataFrame 함수를 이용하여 SpatialPolygons 객체(sploys)에 데이터프레임 형태의 속성 정보를 추가한다. 먼저 data.frame 함수를 이용하여 속성정보를 데이터프레임 형태로 작성한다. 앞서 Polygons를 작성할 때 정의한 ID 변수의 값을 참조하여 위치정보와 속성정보가 결합되기 때문에 속성정보에는 반드시 ID라는 변수가 정의되어야 한다. 본 사례에서는 ID 변수와 name 변수로 구성된 데이터프레임을 작성하고 ID 변수에는 1과 2의 값을, name 변수에는 "경복궁"과 "덕수궁"의 값을 각각 부여하였다. 최종적으로 SpatialPolygonsDataFrame 함수를 이용하여 SpatialPolygons에 포함된 위치정보와 데이터프레임이 포함된 속성정보를 결합하여 Spatial PolygonsDataFrame 객체(spolysdf)를 작성한다.

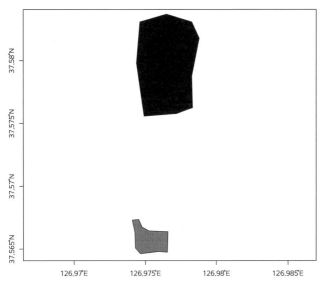

〈그림 3.6〉면 객체(SpatialPolygonsData Frame) 출력 결과

```
> palace <- data.frame(ID = c(1,2), name=c("경복궁", "덕수궁"))
> spolysdf <- SpatialPolygonsDataFrame(spolys, data=palace)
```

지금까지의 공간 객체와 공간 데이터프레임 객체를 생성한 결과를 지도로 출력한 결과는 그림 3.6과 같다.

```
> plot(spolysdf, axes=T, col=1:2)
```

3.4 래스터 데이터 구조

래스터 데이터는 대상 공간을 일정 크기의 격자(래스터)로 분할하고 각 격자의 값을 표현하는 구조를 가지고 있다. 따라서 래스터를 표현하기 위해서는 각 격자의 값을 표현하는 데이터와 함께 격자의 위치와 해상도에 대한 정보가 필요하다. R 에서는 grid 객체가 격자 데이터를 표현하는 부분이며, GridTopology 클래스가 격자의 위치와 해상도를 표현하고 있다. R 프로그래밍에서 래스터 클래스는 SpatialGrid와 SpatialPixels 클래스로 구분된다. 두 클래스 모두 래스터 데이터를 구현하기 위하여 만들어진 클래스이며, 각 클래스마다 속성 정보가 추가되면 각각 SpatialGridDataFrame과 SpatialPixelDataFrame 클래스로 생성된다. SpatialGrid 클래스와 SpatialPixels 클래스의 차이는 각 격자마다 좌표값이 주어지는가에 있다. SpatialGrid 클래스는 각 격자마다 별도의 좌표값이 주

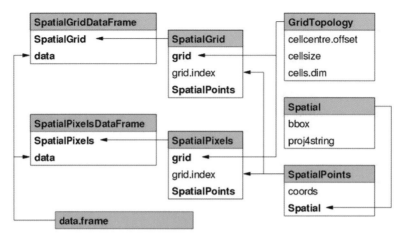

〈그림 3.7〉 래스터 객체의 클래스 구성도

출처: Bivand et al., Applied spatial data analysis with R, p.52

어지지 않는다. 따라서 격자의 값이 없는 경우도 "해당 없음(NA)"라는 값을 할당하여야 한다. 반면 SpatialPixels 클래스는 각 격자마다 좌표값을 SpatialPoints 클래스로 표현하기 때문에 격자의 값이 없을 경우 생략할 수 있다. 그러나 SpatialPoints에서 표현하는 점 데이터의 좌표값은 일정한 간격을 유지하고 있어야 한다. 이와 같이 Spatial 클래스에서 래스터 객체를 표현하는 클래스의 구성은 그림 3.7과 같다.

R 소프트웨어에서 래스터 데이터를 처리하는 또 다른 패키지로 "raster"가 있다. 이 패키지는 래스터 데이터를 보다 편리하게 정의하고 처리할 수 있도록 다양한 기능을 제공하고 있다. 이 장에서는 raster 패키지를 이용하여 래스터 데이터를 처리하는 과정을 파악하기로 한다. 이 패키지에서는 래스터 데이터를 세 가지의 클래스로 표현하고 있다. 첫 번째는 RasterLayer 클래스로, 이는 단일 래스터 레이어를 표현하는 클래스이다. 단일 래스터 레이어란 하나의 주제만을 담은 래스터 데이터를 뜻한다. 예를 들어 고도 데이터와 같이 하나의 주제만을 담은 데이터이다. RasterLayer 클래스에는 각 격자의 값과 함께 래스터 데이터를 구성하는 행과 열의 수, 공간적 범위와 좌표 체계 등을 담고 있다.

두 번째는 RasterStack 클래스로, 이는 다중 레이어의 래스터 데이터를 표현하는 클래스이다. 단일 래스터인 RaterLayer들을 합쳐서 여러 주제를 가진 래스터 데이터로 표현하는 것으로, 공간 범위와 해상도가 동일한 RasterLayer의 집합이라 할 수 있다. 예를 들면 동일한 지역에 대하여 고도, 기후, 토양 등과 같이 다중 밴드의 위성 영상을 표현할 때 이용된다.

세 번째는 RasterBrick 클래스로, 진정한 다중 레이어 클래스라 할 수 있다. 이 클래스는 하나의 파일만을 이용함으로써 RasterStack보다 자료의 처리가 더욱 효율적인 클래스이다. 예를 들면 다중 밴드의 위성 영상이나 타임 시리즈를 표현한 래스터 데이터를 표현할 때 이용된다. RasterBrick과 RasterStack은 기본적으로 동일하다. 두 클래스의 차이점은 RasterStack은 공간 범위와 해상도가 동일하면 다른 파일에서도 래스터 데이터를 결합하여 처리할 수 있지만, RasterBrick은 하나의 파일에서만 래스터 데이터를 불러올 수 있다.

R 프로그래밍에서는 우선 래스터 데이터의 크기와 해상도, 영역을 지정한 후, 각 격자에 해당하는 속성값을 부여하여 래스터 데이터를 생성한다. 구체적인 과정은 다음과 같다.

① 래스터 데이터를 처리하는 패키지인 "raster"를 설치하고 불러온다.

```
> install.packages("raster")
> library(raster)
```

② raster 함수를 이용하여 래스터 데이터의 크기(행과 열의 수)와 영역의 실제 좌표를 정의하여 RasterLayer 객체(r)을 생성한다. 이 사례에서는 행과 열의 수는 10으로, x좌표의 영역은 경도 126.5˚E에서 127˚E로, y좌표의 영역은 위도 37˚N에서 37.5˚N으로 설정하였다.

```
> r <- raster(ncol=10, nrow=10, xmn=126.5, xmx=127, ymn=37, ymx=37.5)
```

③ values 함수를 이용하여 래스터 데이터의 격자에 값을 부여한다. 이 사례에서는 1부터 100까지의 일련번호를 격자의 값으로 부여하였다.

```
> values(r) <- 1:100
```

④ 단일 레이어로 구성된 래스터 파일을 이용하여 다중 레이어의 래스터 화일을 작성한다. 우선 RasterLayer 객체를 여러 개 작성한 후, stack 함수를 이용하여 RasterStack 객체(rs)를 생성한다. 이 사례에서는 객체 r을 각각 제곱 연산과 제곱근 연산을 적용하여 복수의 레이어를 작성한다.

```
> r2 <- r * r
> r3 <- sqrt(r)
> rs <- stack(r, r2, , r3)
```

⑤ brick 함수를 이용하여 RasterStack 객체(rs)로부터 RasterBrick 객체(rb)를 생성한다. RasterStack과 RasterBrick은 기본적으로 동일하지만 RasterBrick은 하나의 파일에서 처리하기 때문에 위성영상과 같은 다중 레이어의 처리에 더욱 적합하다.

```
> rb <- brick(rs)
```

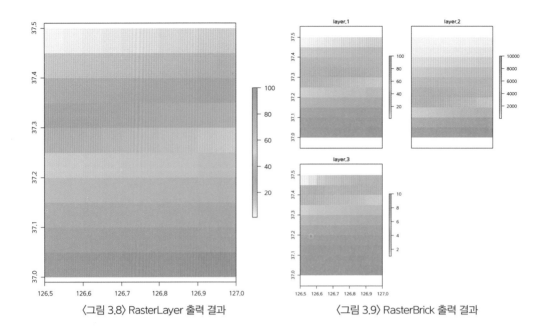

〈그림 3.8〉 RasterLayer 출력 결과　　　　　　〈그림 3.9〉 RasterBrick 출력 결과

지금까지의 과정을 거쳐 생성된 단일 레이어의 래스터 데이터(r)를 다음 명령어와 같이 출력한 결과는 그림 3.8과 같으며, 다중 레이어의 래스터 데이터로 변환한 결과(rb)를 출력하면 그림 3.9와 같다.

```
〉plot(r)                              # RasterLayer 출력
〉plot(rb)                             # RasterBrick 출력
```

3.5 좌표체계의 정의와 변환

지구 타원체의 종류, 지도 투영법, 데이텀 등 다양한 요인에 의해 전 세계에 수백가지 좌표체계가 존재한다. 특히 각 국가 또는 지역별로 국지적으로 자신의 지역에 맞는 좌표체계를 선정하여 공간정보를 표현하고 있다. 최근 GPS와 인터넷 기술의 발달로 공간정보가 디지털화 되면서 기존에 지역별로 국지적으로 다루었던 좌표체계를 국제적으로 관리하고 배포할 필요가 생겼다. 우리가 구글맵을 통해 전세계의 공간정보를 상세히 볼 수 있듯이 각 지역별로 국지적으로 표현되던 공간정보를 보편적인 좌표체계로 변환하여 표현할 수 있게 되었다. 특히 GIS 기술의 발달로 지도투영법과 공간정보의 좌표값 변환이 자유자재로 수행되면서 각 지역별로 정의되었던 좌표체계를 정리할 필

요가 있게 되었다.

이와 같이 전 세계의 각 지역에서 정의하고 있는 공간정보 좌표체계를 코드화하여 국제적으로 정리한 대표적인 사례가 EPSG 코드이다. ESPG란 European Petroleum Survey Group의 약자로 국제 석유 가스 생산자 조합(International Association of Oil & Gas Producers)에서 전 세계의 좌표체계를 수집하여 관리하는 코드이다. 이 코드는 공간정보의 국제 표준기관인 ISO/TC211에서 공간정보 좌표체계의 표준(ISO19111:2007)으로 채택되어 대다수의 GIS 소프트웨어에서 이용되고 있다. 즉 전 세계의 국가에서 사용하고 있는 좌표 체계를 수집하여 투영방법과 투영원점, 표준타원체 등을 정의하여 표준 코드로 제작한 것이다. 특히 오픈 소스 GIS 소프트웨어에서 공간좌표체계를 정의할 때 표준 체계로 이용되고 있다. 우리나라에서도 지도의 좌표체계가 변경될 경우 EPSG에 변경된 내용을 통보하여 새로운 코드를 부여받고 있다. 우리나라에서 주로 사용되는 좌표계의 EPSG 코드와 내용은 표 3.1과 같다. 대표적인 EPSG 코드로는 EPSG:4326으로, 이는 전 세계의 경위도 좌표를 WGS84좌표계로 표현하는 것이며, 우리나라의 경우 EPSG:2097은 과거 bessel 타원체에서 중부원점의 TM 좌표를 정의한 것이며, EPSG:5179는 최근 GRS80 타원체로 우리나라를 단일 원점으로 정의한 좌표체계이다.

〈표 3.1〉은 EPSG 코드를 정의할 때 사용되는 매개변수를 정리한 것이다. 여기서 매개 변수는 각 좌표체계에서 사용되는 지도투영법, 지구타원체, 데이텀 등을 표준 코드의 형식으로 나타낸 것이다. 대표적인 매개변수의 내용은 다음과 같다.

- "+proj": 지도 투영법을 정의하는 부분이다. 지도 투영법은 투영 여부와 투영면, 투영 방법에 따라 다양한 값으로 정의된다. 지도 투영을 하지 않고 경위도의 값으로 위치정보를 표현하는 지리좌표계이면 "longlat"하며, 대표적인 직각좌표계의 대표적인 투영법인 횡축 메르카토르(Transverse Mercator) 투영법의 경우 "tmerc", UTM(Universal Rransverse Mercator) 투영법은 "utm"으로 정의한다.

- "+lat_0", "+lon_0": 지도 투영에서 투영 원점의 위치(위도와 경도)를 정의하는 부분이다. 투영 원점은 투영된 평면의 중심점으로, 일반적으로 지구와 투영면이 접하는 부분에 해당한다.

- "+k": 투영면이 지구에서 얼마나 접하고 있는가를 표현하는 축척계수(scale factor)이다. 이 값이 1이면 투영면과 지구가 접하는 것을 나타내며, 1보다 작으면 지구가 투영면을 꿰뚫어 지구와 투영면이 교차하는 분할 투영에 해당한다.

- "ellps": 지도 투영에 사용되는 지구 타원체를 정의한다. 우리나라의 경우 지구타원체로 2000년도까지는 bessel을 이용하였으나, 그 이후 세계측지계로 지구타원체를 변환함에 따라 GRS80을 사용하고 있다.

〈표 3.1〉 우리나라에서 주로 사용되는 좌표계와 EPSG 코드

좌표계 이름		EPSG 코드	매개변수	비고
WGS84 좌표계		4326	+proj=longlat +ellps=WGS84 +datum=WGS84	경위도 좌표계
초기 TM 좌표계	서부원점	2098	+proj=tmerc +lat_0=38 +lon_0=125 +k=1 +x_0=200000 +y_0=500000 +ellps=bessel +units=m	2000년 이전 국가기본도에서 사용하던 좌표계. bessel 1841 타원체 이용
	중부원점	2097	+proj=tmerc +lat_0=38 +lon_0=127 +k=1 +x_0=200000 +y_0=500000 +ellps=bessel +units=m	
	동부원점	2096	+proj=tmerc +lat_0=38 +lon_0=129 +k=1 +x_0=200000 +y_0=500000 +ellps=bessel +units=m	
2002년 이전 TM 좌표계	서부원점	5173	+proj=tmerc +lat_0=38 +lon_0=125.0028902777778 +k=1 +x_0=200000 +y_0=500000 +ellps=bessel +units=m	경도 원점의 오류를 보정한 TM 좌표계. bessel 1841 타원체 이용
	중부원점	5174	+proj=tmerc +lat_0=38 +lon_0=127.0028902777778 +k=1 +x_0=200000 +y_0=500000 +ellps=bessel +units=m	
	동부원점	5176	+proj=tmerc +lat_0=38 +lon_0=129.0028902777778 +k=1 +x_0=200000 +y_0=500000 +ellps=bessel +units=m	
	동해원점	5177	+proj=tmerc +lat_0=38 +lon_0=131.0028902777778 +k=1 +x_0=200000 +y_0=500000 +ellps=bessel +units=m	
현재 TM 좌표계	서부원점	5185	+proj=tmerc +lat_0=38 +lon_0=125 +k=1 +x_0=200000 +y_0=600000 +ellps=GRS80 +units=m	2002년 이후 국가 기본도에서 사용하는 좌표계. 타원체를 GRS80으로, 북쪽방향 가산값을 600,000으로 변경
	중부원점	5186	+proj=tmerc +lat_0=38 +lon_0=127 +k=1 +x_0=200000 +y_0=600000 +ellps=GRS80 +units=m	
	동부원점	5187	+proj=tmerc +lat_0=38 +lon_0=129 +k=1 +x_0=200000 +y_0=600000 +ellps=GRS80 +units=m	
	동해원점	5188	+proj=tmerc +lat_0=38 +lon_0=131 +k=1 +x_0=200000 +y_0=600000 +ellps=GRS80 +units=m	
UTM-K(bessel)		5178	+proj=tmerc +lat_0=38 +lon_0=127.5 +k=0.9996 +x_0=1000000 +y_0=2000000 +ellps=bessel +units=m	베셀 타원체를 이용한 단일 원점 체계
UTM-K(GRS80)		5179	+proj=tmerc +lat_0=38 +lon_0=127.5 +k=0.9996 +x_0=1000000 +y_0=2000000 +ellps=GRS80 +units=m	GRS80 타원체를 이용한 단일 원점 체계
KATEC			+proj=tmerc +lat_0=38 +lon_0=128 +k=0.9999 +x_0=400000 +y_0=600000 +ellps=bessel +units=m	자동차 네비게이션용 비공식 좌표계

- +x_0, +y_0: 지도 투영과정에서 동서방향(x)과 남북방향(y) 가산계수를 정의한다. 일반적으로 투영 원점은 투영면의 중심에 위치하기 때문에 투영 원점을 기준으로 서쪽과 남쪽의 공간은 음수의 좌표값을 가지게 된다. 이러한 경우 면적과 거리 측정과 같은 기하학적 계산과정에서 오류가 발생할 수 있기 때문에 임의의 값을 가산계수로 더하여 좌표값이 음수의 값을 가지지 않도록 한다.
- +datum: 공간정보가 표현되는 지역의 데이텀을 정의한다. 데이텀이란 지역에 따라 지구 타원체

로부터 나타나는 평균적인 고도의 차이를 나타내는 개념으로 좌표 체계와 지구상의 위치를 결정하는 참조점들의 집합으로 정의한다. 일반적으로 지구 타원체와 투영 원점 등을 합쳐서 데이텀으로 정의한다. 대표적인 데이텀으로는 전 세계의 지리좌표계를 표현하는 "WGS84"가 있으며, 우리나라의 경우 "Korean Datum 1995", "Geocentric datum of Korea" 등이 있다.

R 소프트웨어에서 좌표체계를 정의하는 함수는 CRS이다. CRS 함수는 앞에서 정의한 EPSG 코드에서 정의한 매개변수의 값을 정의함으로써 수행된다.

> CRS("+매개변수=값")

우리나라에서 많이 사용되는 좌표체계는 위의 표와 같이 경위도 좌표체계와 TM 좌표체계, UTM-K, 좌표체계 등이 있다. 예를 들어 경위도의 WGS84 좌표계를 정의할 경우 다음과 같다. WGS84 좌표계는 전 세계의 위치를 경도와 위도로 표현하는 좌표체계로 GPS와 구글맵 등에서 사용하고 있는 좌표체계이다.

> CRS("+proj=longlat +datum=WGS84")

또한 전 세계에서 보편적으로 사용하고 있는 직각좌표계인 UTM 좌표계는 전 세계를 60 구역으로 구분하고 횡축 메르카토르 투영법을 사용하여 좌표계를 표현하고 있다. 우리나라의 경우 UTM 51번 구역과 52번 구역에 해당된다. UTM 51번 구역은 다음과 같이 정의할 수 있다.

> CRS("+proj=utm +zone=51 +datum=WGS84")

현재 우리나라 국가기본도에서 이용되는 직각좌표계는 TM 좌표계이다. 이 좌표계는 전국을 경도에 따라 4개 권역으로 나누어 횡축 메르카토르 도법을 적용하여 좌표체계를 표현하고 있다. 예를 들어 우리나라 중부원점의 TM 좌표체계는 다음과 같이 정의할 수 있다.

> CRS("+proj=tmerc +lat_0=38 +lon_0=127 +k=1 +x_0=200000 +y_0=600000
    +ellps=GRS80 +units=m")

우리나라 국가기본도에서 사용되는 TM 좌표계는 전국을 경도에 따라 여러 권역으로 나누어 표현하기 때문에 같은 좌표값을 가진 지역이 중복될 수 있다. 이러한 문제를 해결하기 위하여 네비게이션이나 포털 지도 서비스에서는 전국을 하나의 원점으로 투영한 좌표체계를 사용하고 있다. 대표적인 단일 원점 좌표 체계인 UTM-K의 좌표체계는 다음과 같이 정의할 수 있다.

> CRS("+proj=tmerc +lat_0=38 +lon_0=127.5 +k=0.9996 +x_0=1000000

+y_0=2000000 +ellps=GRS80 +units=m")

CRS 함수에 의하여 정의된 좌표체계는 공간객체를 정의할 때 매개변수 proj4string의 내용으로 사용된다. 다음의 사례처럼 univ라는 데이터프레임에서 sp라는 공간객체를 정의할 때 CRS에서 정의한 좌표체계(cs)를 공간객체의 좌표체계로 부여한다.

```
〉cs = CRS("+proj=longlat +datum=WGS84")
〉sp 〈- SpatialPoints(univ, proj4string=cs)
```

또한 proj4string는 기존의 공간 객체에 새로이 좌표체계 정보를 부여할 때에도 이용된다. 다음의 사례처럼 spdf라는 공간 객체에 새로이 좌표체계를 정의하기 위해서는 proj4string의 값에 CRS에서 정의한 좌표체계(cs)를 부여한다.

```
〉cs = CRS("+proj=longlat +datum=WGS84")
〉proj4string(spdf) = cs
```

좌표체계 변환을 통하여 공간객체의 좌표값을 변경할 수 있다. 앞에서의 좌표체계 부여는 좌표체계 정의만 변경하는 것이지만, 좌표체계 변환이란 공간객체가 가지고 있는 좌표값 자체가 변환된다. R 소프트웨어에서는 spTransfrom 함수를 통하여 공간객체의 좌표값을 변경시킬 수 있다. 다음 사례와 같이 WGS84 좌표체계로 이루어진 공간객체 spdf를 spTransform 함수를 이용하여 utm-k 좌표체계로 변환된 공간객체 spdf2를 생성할 수 있다.

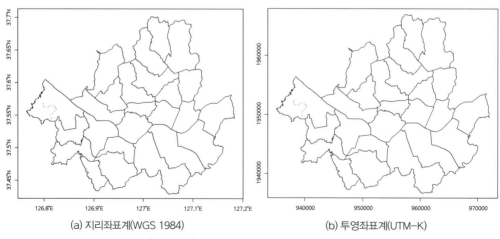

(a) 지리좌표계(WGS 1984) (b) 투영좌표계(UTM-K)

〈그림 3.10〉 좌표계 변환에 따른 공간정보의 표현

```
> cs2 = CRS("+proj=tmerc +lat_0=38 +lon_0=127.5 +k=0.9996 +x_0=1000000
+y_0=2000000 +ellps=GRS80 +units=m")
> spdf2 = spTransform(spdf, cs2)
```

서울시 구별 행정구역 데이터를 이용하여 좌표체계 변환을 수행한 사례는 그림 3.10과 같다. 그림 3.10(a)와 같이 WGS1984 좌표계를 이용할 경우 위치정보가 경도와 위도로 나타나지만, 이를 UTM-K 좌표계로 변환한 결과인 그림 3.10(b)의 경우 위치정보는 x좌표와 y좌표로 나타난다.

3.6 R을 이용한 공간정보 생성 실습

3.6.1 포인트 객체 만들기

웹 브라우저를 이용하여 구글 맵(http://map.google.com)에 접속한다. 구글 맵에서 좌표값을 알고 싶은 지역을 찾은 후, 그 지점에서 마우스 오른쪽 버튼을 클릭한다. 예를 들어 그림 3.11과 같이

〈그림 3.11〉 구글 맵에서 좌표값의 확인

"상명대학교"의 좌표값을 알고 싶을 경우 상명대학교의 위치에 마우스를 위치하고 오른쪽 버튼을 클릭하면 메뉴가 나타난다. 여기서 세 번째의 "이곳이 궁금한가요?"을 선택하면 화면 하단에 위도와 경도값이 나타난다. 위도와 경도값을 각각 적는다.

이러한 방식으로 4개의 지점을 선택하여 위도와 경도를 각각 적는다. R Studio를 실행한 후, 프로그래밍 창에서 다음과 같이 "sp" 패키지를 설치한 후, 아래의 예와 같이 네 지점의 좌표값을 모아 경도값은 벡터 x로, 위도값은 벡터 y에, 각 위치의 이름은 벡터 name에 대입한다.

```
> library(sp)
> x <- c(126.9552, 127.0526,126.9385, 127.0277)   # 벡터 x 작성
> y <- c(37.6026, 37.5954, 37.5659,37.5911)        # 벡터 y 작성
> name <- c("상명대학교","경희대학교","연세대학교","고려대학교")   # 벡터 name 작성
```

data.frame 함수를 이용하여 벡터 x와 y 값을 데이터프레임(univ)으로 변환한 후, 이를 포인트 객체로 만든다. 이때 좌표체계는 WGS84로 설정하고 포인트 객체를 만들 때 반영한다.

```
> univ <- data.frame(Longitude=x, Latitude=y)        # 데이터프레임작성
> cs <- CRS("+proj=longlat +datum=WGS84")            # 좌표계 정의
> sp <- SpatialPoints(univ, proj4string=cs)         # SpatialPoints 생성
```

완성된 포인트 객체에 위치의 이름을 속성정보로 부여하여 포인트 객체 데이터프레임을 작성한다. 작성된 결과를 확인하기 위해 포인트 객체 데이터 프레임을 출력한다.

```
> spdf <- SpatialPointsDataFrame(sp, data=data.frame(Name=name))
> plot(spdf, axes=T, pch=10)                        # 그래프로 출력
> text(spdf, name)
```

3.6.2 선 객체 만들기

구글 맵을 이용하여 앞의 방법과 마찬가지로 선 사상의 꼭지점 좌표를 취득한다. 선 사상은 선 하나당 최소 5개의 꼭지점으로 구성하고, 각 꼭지점의 위도값과 경도값을 적는다. 이러한 방식으로 2개 이상의 선을 구성한다. 아래의 예와 같이 5개의 꼭지점으로 구성된 2개의 선으로부터 각각 위도와 경도값을 취득한다. R studio를 실행하고 다음과 같이 프로그래밍 창에서 첫 번째 선의 꼭지점 좌표를 취득하여 경도는 벡터 x1에, 위도는 벡터 y1에 대입한다.

```
> library(sp)
> x1 <- c(126.9720783, 126.9724216, 126.9763698, 126.9773139, 126.9771953)
> y1 <- c(37.5552812, 37.5570503, 37.5610647, 37.5657592, 37.5702657)
```

또한 두 번째 선의 꼭지점 좌표를 취득하여 경도는 벡터 x2에, 위도는 벡터 y2에 대입한다.

```
> x2 <- c(126.9644515, 126.9671981, 126.9774978, 126.9793002, 126.9931189)
> y2 <- c(37.5595652, 37.5616064, 37.5643959, 37.5660287, 37.5663008)
```

벡터 x1과 y1은 하나의 벡터(l1)로 합친 후, Line 함수를 이용하여 하나의 Line 객체(ln1)로 변환한다. 마찬가지로 벡터 x2와 y2를 이용하여 Line 객체(ln2)로 변환한다.

```
> l1 <- cbind(x1,y1) # x1, y1 좌표로 구성된 매트릭스 작성
> ln1 <- Line(l1)
> l2 <- cbind(x2,y2) # x2, y2 좌표로 구성된 매트릭스 작성
> ln2 <- Line(l2) # Line 객체 작성
```

각각의 Line 객체는 list 함수를 이용하여 Lines 객체로 변환한다. 두 개의 Lines 객체는 다시 list 함수로 합쳐지면서 공간 객체로 변환된다. 이때 좌표체계(WGS84)도 함께 부여한다.

```
> lns1 <- Lines(list(ln1), ID=1)
> lns2 <- Lines(list(ln2), ID=2)                              # Lines 객체 작성
> cs <- CRS("+proj=longlat +datum=WGS84")                      # 좌표계 정의
> slns <- SpatialLines(list(lns1, lns2), proj4string=cs)       #SpatialLines 작성
```

각 선의 이름을 속성정보로 부여한 후, 최종적으로 선 객체의 데이터프레임을 작성한다. 최종 결과를 출력한다.

```
> subno <- data.frame(ID = c(1,2), name=c("1호선", "2호선"))   # 데이터프레임 작성
> slnsdf <- SpatialLinesDataFrame(slns, data=subno)            #SpatialLinesDataFrame 작성
> plot(slnsdf, axes=T, col=1:2)                                # 그래프로 출력
```

3.6.3 면 객체 만들기

구글 맵을 이용하여 앞의 방법과 마찬가지로 면 사상의 꼭지점 좌표를 취득한다. 폴리곤을 구성

하는 꼭지점을 취득하고, 각 꼭지점의 위도값과 경도값을 적는다. 이러한 방식으로 2개 이상의 폴리곤을 구성한다. 아래의 예와 같이 여러 개의 꼭지점으로 구성된 2개의 폴리곤으로부터 각각 위도와 경도값을 취득한다. R Studio를 실행하고 다음과 같이 프로그래밍 창에서 첫 번째 폴리곤의 꼭지점 좌표를 취득하여 경도는 벡터 x1에, 위도는 벡터 y1에 대입한다.

```
> library(sp)
> x1 = c(126.9744937, 126.9737212, 126.9740645, 126.9768111, 126.979386, 126.9801585,
        126.979386, 126.9794719, 126.9778411)
> y1 = c(37.5756889, 37.5799063, 37.5831712, 37.5837834, 37.5831712, 37.5818789, 37.578886,
        37.5763691, 37.5758929)
```

두 번째 폴리곤의 꼭지점 좌표를 취득하여 경도는 벡터 x2에, 위도는 벡터 y2에 대입한다.

```
> x2 = c(126.9769001, 126.9769538, 126.9750011, 126.9742823, 126.973939, 126.9732845,
        126.9735527, 126.9736064, 126.9741106, 126.9759989)
> y2 = c(37.5648948, 37.5665361, 37.5665956, 37.5668933, 37.5675056, 37.5674545,
        37.5664851, 37.5652264, 37.5647757, 37.5649458)
```

벡터 x1과 y1은 하나의 벡터(p1)로 합친 후, Polygon 함수를 이용하여 하나의 Polygon 객체로 변환한다. 마찬가지로 벡터 x2와 y2로 Polygon 객체로 변환한다.

```
> p1 <- cbind(x1,y1)                              # x1, y1 좌표로 구성된 매트릭스 작성
> p11 <- Polygon(p1)
> p2 <- cbind(x2,y2)                              # x2, y2 좌표로 구성된 매트릭스 작성
> p12 <- Polygon(p2)                              # Polygon 객체 생성
```

각각의 Polygon 객체는 list 함수를 이용하여 Polygons 객체로 변환한다. 두 개의 Polygons 객체는 다시 list 함수로 합쳐지면서 공간 객체로 변환된다. 이때 좌표체계(WGS84)도 함께 부여한다.

```
> polys1 <- Polygons(list(p11), ID=1)
> polys2 <- Polygons(list(p12), ID=2)                        # Polygons 객체 생성
> cs <- CRS("+proj=longlat +datum=WGS84")                    # 좌표계 정의
> spolys <- SpatialPolygons(list(polys1, polys2), proj4string=cs)   #SpatialPolygons 생성
```

각 폴리곤의 이름을 속성정보로 부여한 후, 최종적으로 면 객체의 데이터프레임을 작성한다. 최

종 결과를 출력한다.

```
> palace <- data.frame(ID = c(1,2), name=c("경복궁", "덕수궁"))        # 데이터프레임 작성
> spolysdf <- SpatialPolygonsDataFrame(spolys, data=palace)
                                                        #SpatialPolygonsDataFrame 작성
> plot(spolysdf, axes=T, col=1:2)                                  # 그래프로 출력
```

3.6.4 래스터 객체 만들기

R Studio를 실행하고 다음과 같이 "raster" 패키지를 설치한 후 래스터 객체를 생성한다. 먼저 "raster" 라이브러리를 선언한 후, raster 함수를 이용하여 열의 수는 10, 행의 수는 10인 래스터 행렬을 작성한다. 이 래스터 데이터의 x 좌표 최소값은 경도 126.5로 최대값은 127로 설정하고, y 좌표의 최소값은 위도 37도, 경도 37.5도로 설정한다.

```
> library(raster)
> r <- raster(ncol=10, nrow=10, xmn=126.5, xmx=127, ymn=37, ymxplo=37.5)
                                                        # RasterLayer 생성
```

작성된 래스터 데이터의 셀 값은 1부터 100의 숫자로 채운다. 이 데이터가 하나의 Raster Layer에 해당한다. 이 데이터를 이용하여 각 셀의 값을 제곱한 데이터, 각 셀의 값을 제곱근한 데이터를 각각 추가로 작성한다.

```
> values(r) <- 1:100                                # 래스터 격자에 값 부여
> r2 <- r * r
> r3 <- sqrt(r)                                     # 3개의 RasterLayer 생성
```

각각의 데이터는 별도의 Raster Layer에 해당하며, 이를 stack 함수를 이용하여 다중 래스터로 작성하고, 다시 brick 함수를 이용하여 Raster Brick으로 생성한다. 작성된 Raster Layer와 Raster Brick을 출력한다.

```
> rs <- stack(r, r2, r3)                            # RasterStack 생성
> rb <- brick(rs)                                   # RasterBrick 생성
> plot(r)                                           # RasterLayer 출력
> plot(rb)                                          # RasterBrick 출력
```

3.6.5 공간 데이터 좌표변환

앞의 실습에서 작성한 점, 선, 면의 데이터들은 WGS84 좌표체계, 즉 위도와 경도로 구성된 좌표 값을 가지고 있다. 이러한 데이터를 이용하여 공간상의 거리나 면적을 측정할 경우 측정 결과가 각 도 단위로 나타나기 때문에 실제 거리나 면적과는 차이가 있다. 따라서 이들 좌표체계를 미터 단위의 투영좌표체계로 변환할 필요가 있다.

R Studio의 프로그래밍 창에서 좌표체계를 변환하기 위해서는 먼저 CRS 함수를 이용하여 변환하고자 하는 좌표체계를 정의한 후, spTransform 함수를 이용하여 새로운 좌표체계로 변환된 객체를 생성한다. 앞의 실습에서 생성한 점 객체(spdf), 선 객체(slnsdf), 폴리곤 객체(sploysdf)를 투영좌표체계인 UTM-K로 변환한다. 먼저 CRS 함수를 이용하여 UTM-K 좌표계를 정의한 후, spTransform 함수를 이용하여 각각의 공간 객체를 좌표변환을 수행한다. 변환된 결과를 출력하여 확인한다.

```
> cs2 = CRS("+proj=tmerc +lat_0=38 +lon_0=127.5 +k=0.9996 +x_0=1000000
        +y_0=2000000 +ellps=GRS80 +units=m")
> spdf2 = spTransform(spdf, cs2)
> slnsdf2 = spTransform(slnsdf, cs2)
> sploysdf2 = spTransform(spolysdf, cs2)
> plot(spdf2, axes=T, pch=10)
> plot(slnsdf2, axes=T, col=1:2)
> plot(spolysdf2, axes=T, col=1:2)
```

4. 공간정보의 입출력

4.1 공간정보의 수집

공간정보는 공간상에서 존재하는 지형지물의 위치정보와 속성정보를 함께 다루고 있기 때문에 자료의 구조가 복잡할 뿐만 아니라 자료의 양 또한 매우 방대하다. 특히 공간정보에서 표현하는 위치정보는 수많은 좌표값으로 연결되어 있고, 위치정보와 위치정보간의 공간적 위상관계나 공간정보와 속성정보의 관계 등이 정의되어야하기 때문이다. 따라서 앞 장의 사례와 같이 R 프로그래밍을 이용하여 수많은 좌표값과 데이터 내용을 정의하기란 사실상 어렵다. 이와 같이 공간정보 데이터는 수집과 구축 과정에서 많은 시간과 비용이 필요하다. 최근 GIS 기술의발달과 데이터 서비스의 향상으로 많은 종류의 공간정보를 다운로드 받을 수 있다. 우리나라의 경우 국가 공간정보 포털 오픈마켓(http://data.nsdi.go.kr)이나 서울시 열린 데이터 광장(http://data.seoul.go.kr) 등 국가나 지방자치단체를 중심으로 다양한 공간정보를 무상으로 제공하고 있다. 그 밖에 많은 공공 기관이나 민간 기업 등에서 공간정보 데이터를 제공하고 있다.

4.1.1 국가 공간정보 포털 오픈마켓

국가 공간정보 포털 오픈마켓은 우리나라의 모든 공간정보를 관리하고 제공하는 시스템이다. 국가 공간정보 포털 오픈마켓의 초기 화면은 그림 4.1과 같다. 국가 공간정보 포털 오픈마켓에는 우리

〈그림 4.1〉 국가 공간정보 포털 오픈마켓
(http://data.nsdi.go.kr)

<그림 4.2> 서울시 열린 데이터 광장
(http://data.seoul.go.kr)

나라에서 공간정보를 생산하고 제공하는 국가 기관별로 데이터를 정리하여 제공하고 있으며, 공간
정보의 분류체계에 따라 다양한 내용의 공간정보를 정리하고 있다. 또한 공간정보 파일의 형태를
ArcGIS나 QGIS와 같은 GIS 소프트웨어에서 다룰 수 있는 shape 파일(SHP), 마이크로 소프트 엑셀
에서 다루는 테이블 형태의 파일(XLS, XLSX), 이미지나 래스터 데이터 형태의 파일(TIF) 등 다양한
종류의 데이터를 제공하고 있다.

국가 공간정보 포털 오픈마켓을 사용하기 위해서는 회원가입이 필요하다. 로그인 화면에서 간단
한 정보입력을 통하여 회원가입이 가능하다. 회원가입 후 로그인 과정을 거치면 필요한 공간정보
데이터셋을 검색할 수 있다. 화면 상단의 검색창에서 검색어를 입력할 수도 있으며, 화면 오른쪽의
공간정보 분류체계나 태그, 포맷에서 필요한 내용을 클릭하여 데이터셋을 검색할 수 있다. 검색된
데이터는 다운로드 아이콘을 클릭하면 파일로 내려받을 수 있다.

4.1.2 서울시 열린 데이터 광장

서울시에서 운영하고 있는 "서울시 열린 데이터 광장" 역시 다양한 공간정보를 제공하고 있다. 서
울시 열린 데이터 광장의 경우 공간정보 뿐만 아니라 서울시에서 수집하여 관리하고 있는 많은 종
류의 데이터를 공개하여 제공하고 있다. 서울시에서는 데이터 유형을 보건, 일반행정, 문화관광, 산
업/경제, 복지, 환경, 교통, 도시관리, 교육, 안전, 인구/가구, 주택/건설 등으로 구분하여 관리하고
있다. 서울시 열린 데이터 광장의 초기화면은 그림 4.2와 같다.

서울시 열린 데이터 광장은 별도의 로그인 과정이 없어도 원하는 데이터를 검색하고 내려받을
수 있다. 필요한 데이터를 검색하기 위해서는 화면 상단의 검색창에 검색어를 입력하거나 화면 중

앙의 정보 유형을 클릭한다. 서울시 열린 데이터 광장의 데이터 유형은 Sheet, Open APO, Chart, Map, File 등 다양한 종류의 데이터를 제공하고 있으며, 특히 공간정보를 검색하기 위해서는 데이터셋 유형을 Map으로 선택하여 위치 정보를 가진 자료를 검색한다. 검색된 데이터셋에서 Map 탭을 클릭하면 shape 파일 형태의 공간정보를 내려받을 수 있다.

4.2 공간정보 데이터 읽기

국가 공간정보 포털 오픈마켓과 서울시 열린 데이터 광장 등 다양한 기관에서 제공하고 있는 공간 정보를 R 프로그래밍에서 처리할 수 있다. 현재 인터넷을 통하여 취득할 수 있는 공간정보의 종류는 크게 세 종류로 구분된다. 첫 번째는 단순한 텍스트나 테이블 형태의 자료이다. 위치 정보는 테이블의 항목에 좌표값의 형태로 제공된다. 즉, 위도나 경도, x좌표나 y 좌표와 같은 위치 정보를 표현할 수 있는 항목이 포함된 형태이다. 일반적으로 엑셀과 같은 스프레드 쉬트의 형태나 텍스트 파일의 형태로 제공된다. 이러한 데이터는 주로 점 데이터에 해당된다. 점 데이터의 위치는 좌표값을 가진 항목으로 표현되며, 나머지 항목들은 속성 정보로 처리된다. 두 번째는 벡터 자료구조를 가진 대표적인 GIS 파일인 shape 파일이다. 이 파일은 GIS 소프트웨어인 ArcGIS에서 공간정보를 간단히 처리하기 위하여 개발된 파일 형태로, 최근에는 ArcGIS뿐만 아니라 QGIS와 같은 오픈 소스 GIS 소프트웨어에서도 공간정보의 처리를 위하여 이용되고 있다. 또한 대부분의 국내외 공간정보 데이터 서비스에서 shape 파일 형태의 데이터를 제공하고 있다. 세 번째는 래스터 파일의 형태이다. 래스터 파일은 대상 공간을 일정 크기의 격자로 표현하기 때문에 화소로 이루어진 이미지 파일과 형태가 유사하다. 대표적인 래스터 파일의 유형은 GeoTiff이다. 이 파일은 이미지 파일의 형태를 가지고 있으면서 위치 정보를 함께 기록하고 있기 때문에 대부분의 래스터 GIS 소프트웨어에서 주로 이용되고 있는 파일이다. 또한 대부분의 공간정보 데이터 서비스에서 GeoTiff 형태의 래스터 데이터를 제공하고 있다.

4.2.1 테이블 데이터 불러오기

테이블 형태의 데이터는 위치정보가 없이 단순히 자료의 내용만을 담고 있는 데이터이다. 예를 들면 마이크로소프트 엑셀이나 텍스트 파일과 같이 문자 혹은 숫자로 현상을 설명하는 데이터이다. 테이블 형태의 데이터는 그림 4.3과 같이 행과 열로 구성된 표의 형태를 가지고 있다. 각 열에는 항목의 종류를, 각 행에는 해당하는 자료가 위치한다. 일반적으로 위치와 관련한 자료가 없는 데이

	A	B	C	D	E	F	G	H	I	J	K	L	M
1	고유번호	대피소명칭	소재지	최대수용인원	현재수용인원	현재운영여부	전화번호	행정동코드	행정동명칭	대피단계	비고	경도	위도
2	2	혜화초등학교	혜화동 13-1 (혜화로 32)	450	0	N	763-0606	11110650	혜화동			126.9998906	37.5891283
3	3	새샘교회	홍제동 20-4	100	0	N	720-7040	11410655	홍제2동			126.9504844	37.5836603
4	4	한강중앙교회	포은로2가길 66(합정동)	130	0	N	337-6629	11440680	합정동			126.9100281	37.5493434
5	5	서울성산초등학교	양화로3길 94(합정동)	200	0	N	324-1407	11440680	합정동			126.9106658	37.5534953
6	6	상도1동경로당	상도동 159-282	20	0	N	010-8011-7330	11590530	상도1동			126.9482686	37.5003954
7	7	상도초등학교	상도동 238-2	1300	0	N	822-0078	11590560	상도4동			126.9374323	37.4997347
8	8	본동초교	노량진동 133	739	0	N	813-0408	11590510	노량진1동			126.9536402	37.5100544
9	10	남정초등학교	원효2가 54-1	300	0	N	712-8015	11170560	원효로1동			126.9650202	37.5365343
10	11	용암초등학교	용암3동 7-40	1484	0	N	303-3044	11380600	용암3동			126.9217785	37.5884354
11	12	제일감리교회	흑석동 80-3	100	0	N	02-817-2541	11590605	흑석동			126.9625144	37.5030252
12	13	봉천종합사회복지관	관악로 254	600	0	N	870-4400	11620545	청림동			126.9576162	37.4866976
13	14	여의도초등학교	여의도동 40-3	894	0	N	010-2035-3969	11560540	여의동			126.9368097	37.5232077
14	15	사당1동주민센터	사당동 105-12	100	0	N	820-2566	11590620	사당1동			126.9787764	37.4830902
15	16	서부성결교회	이촌동 208-1	40	0	N	702-1635	11170640	이촌2동			126.9537102	37.5283727
16	17	서울 이수 중학교	방배2동 974-22(방배중앙로3길 32)	0	0	N	521-4651	11650610	방배2동			126.9901108	37.4811316
17	18	서울공덕초등학교	만리재옛길 13(공덕동)	295	0	N	02-712-1365	11440555	아현동			126.9535807	37.5459029
18	19	국사봉중학교	상도동 214-437	700	0	N	822-3615	11590560	상도4동			126.9440685	37.4937422
19	20	봉현초등학교	성현로 117	120	0	N	885-1986	11620565	성현동			126.9553258	37.4910611
20	22	천주교 외방선교회	성북동 1가 20	800	0	N	3673-2525	11290525	성북동			127.0021399	37.5911343
21	23	성동세무서		0	0	N		11200720	송정동			127.0628283	37.5484412
22	24	방이중학교	방이2동 53	6000	0	N	415-2193	11710562	방이2동			127.1130378	37.5147612
23	25	가락초등학교		0	0	N		11710631	가락1동			127.1079155	37.4998298
24	26	성수초교	성수2가 277-32(발전1길 31)	248	0	N	464-5004	11200690	성수2가3			127.0629919	37.5444065
25	27	잠신초등학교		0	0	N		11710670	잠실2동			127.0878144	37.5159073
26	28	태화기독교종합 사회복지관	수서동 741 (광평로 185)	1300	0	N	2040-1600	11680720	일원본동			127.0934544	37.484888
27	29	잠실중학교	신천동 7-1	1300	0	N	418-0586	11710710	잠실6동			127.099344	37.5172332
28	30	정릉초등학교	정릉4동 798	2390	0	N	916-2590	11290650	정릉4동			127.0055226	37.6198317
29	32	광양중학교	자양2동 674	0	0	N	452-6921	11215830	자양2동			127.0853523	37.5303512
30	34	대광고등학교	신설동 53-3	0	0	N	926-4976	11230536	용신동			127.0244276	37.5778498
31	308	성실교회교육관	수유동 221-49 (노혜로50)	560	0	N	998-9988	11305630	수유3동			127.0229092	37.6403265
32	309	가원초등학교		0	0	N		11710642	문정2동			127.1112013	37.4891812
33	35	도봉중학교	도봉2동 622 (마들로 671)	3218	0	N	02-954-2795	11320522	도봉2동			127.0457558	37.6708916

〈그림 4.3〉 테이블 형태의 데이터 사례

(서울시 대피소 방재시설 현황)

터를 비공간적 데이터라 한다. 그러나 이 사례에서와 같이 오른쪽에 위도와 경도값이 주어져 있을 경우, 이러한 위치와 관련한 항목을 이용하여 점 사상 형태의 공간정보로 불러올 수 있다. 최근 스마트폰과 GPS의 활용이 높아지고, 구글맵 기반의 지오웹 활용이 많아지면서 이와 같이 위치정보를 포함한 테이블 데이터의 이용빈도가 증가하고 있다.

이 장에서는 R 프로그래밍에서 테이블 데이터를 불러와서 이를 공간정보의 점 데이터 형태로 저장하는 과정을 살펴보고자 한다. 사례에 활용되는 데이터는 서울시 열린 데이터 광장에서 서울시 구호소 방재시설 현황 자료를 이용하였다. 이 장에서는 R 프로그래밍을 통하여 이 파일을 읽어들인 후, 좌표값에 해당하는 포인트 객체를 생성하고, 나머지 항목을 속성정보로 결합하여 포인트 객체를 생성한다. 구체적인 과정은 다음과 같다.

① 서울시 열린 데이터 광장에서 제공하는 파일을 다운로드하고 R 프로그래밍에서 읽을 수 있는 형태로 준비한다. 서울시 열린 데이터 광장(http://data.seoul.go.kr)에 접속하고 검색어로 "대피소 방재시설"을 입력한 후, "서울시 대피소 방재시설 현황(좌표계:WGS1984)"을 선택한다. Sheet 탭을 선택하고 CSV 아이콘을 클릭하여 파일을 다운로드한다. 다운로드한 파일을 마이크로소프트 엑셀에서 열면 그림 4.3과 같은 내용이 나타난다. 그림에서 음영으로 표시된 부분과 같이 첫 행이 "현재운영여부"와 "대피단계", "비고"인 열 전체를 삭제한다. 이 열에는 내용이 들어있지 않아 R 프로그래밍에서 파일을 열 때 에러가 발생하기 때문이다. 두 열을 삭제한 후 "다른 이름으로 저장"을 선택하고 저장 폴더를 "내문서"로, 파일 형식을 "CSV(쉼표로 분리)"로, 파일 이름을 "shelter"으로 지정

하여 저장한다.

② R studio를 실행한다. R studio에서 다음과 같이 read.csv 함수를 이용하여 "내문서" 폴더에 있는 "shelter.csv" 파일을 읽고 그 내용을 sh이라는 데이터프레임 객체에 저장한다.

```
) sh = read.csv("shelter.csv")
```

③ data.frame 함수를 이용하여 경도와 위도 좌표만을 뽑아내어 별도의 데이터프레임 객체(pt)를 생성한다. R에서는 x좌표 대신에 경도값, y좌표 대신에 위도값을 읽어 공간객체를 형성한다.

```
) pt = data.frame(longitude=sh$경도, latitude=sh$위도)
```

④ CRS 함수를 이용하여 좌표계 정보를 객체(cs)를 생성하고 SpatialPoints를 이용하여 ②에 좌표계 객체를 부여하여 포인트 객체(spt)를 생성한다.

```
) cs = CRS("+proj=longlat +datum=WGS84")
) spt = SpatialPoints(pt, proj4string=cs)
```

⑤ SpatialPointsDataFrame 함수를 이용하여 ③에 데이터프레임 객체(sh)의 값을 속성정보로 추가한다.

```
) shelt = SpatialPointsDataFrame(spt, data=sh)
```

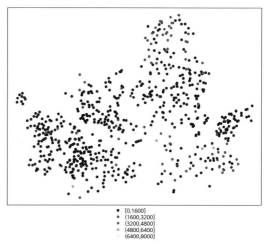

지금까지의 과정을 통하여 작성된 공간 객체를 다음 프로그래밍을 통하여 출력한 결과는 그림 4.4와 같다.

```
) spplot(shelt, zcol="최대수용인원")
```

〈그림 4.4〉 테이블 데이터의 지도화

4.2.2 쉐이프 파일 읽어오기

ESRI사에서 제작한 ArcGIS 소프트웨어는 대표적인 GIS 소프트웨어로 알려져 있다. 이 소프트웨어에서 공간정보 파일 형태로 주로 이용되는 쉐이프 파일(shape file)은 대부분의 GIS 소프트웨어에서 직접 사용할 수 있기 때문에 국내외 주요 공간정보의 파일 형태로 주로 사용되고 있다. 우리나라에서 국가 공간정보 포털 오픈마켓이나 서울시 열린 데이터 광장 등 공간정보를 제공하는 주요 기관에서 쉐이프 파일 형태를 이용하고 있다. 마치 한글 워드프로세서에서 HWP 파일이 이용되듯이, 쉐이프 파일은 GIS 소프트웨어의 비공인 표준 파일이라 해도 과언이 아니다.

쉐이프 파일은 벡터 형태의 GIS 데이터를 저장할 때 이용되며, 다시 공간정보의 공간 차원에 따라 점 데이터, 선 데이터, 면 데이터로 구분된다. R 소프트웨어에서도 쉐이프 파일을 읽어들이기 위한 여러 가지 패키지와 방법들이 제공되고 있다. 이 중에서 가장 간단히 쉐이프 파일을 불러오는 패키지가 "rgdal"이다. 이 패키지는 다양한 행태의 공간정보 파일을 불러오기 위한 OGR 함수를 제공하고 있다.

이 장에서는 R 프로그래밍에서 쉐이프 화일을 불러와서 이를 공간정보로 저장하는 과정을 살펴보고자 한다. 사례에 활용되는 데이터는 서울시 열린 데이터광장에서 제공하는 서울시 동별 행정구역 경계 자료를 이용한다. R 프로그래밍을 통하여 rgdal 패키지를 설치한 후, 쉐이프 파일을 읽어 공간 객체로 저장한다. 저장된 공간객체에 좌표계 정보를 결합한다. 구체적인 과정은 다음과 같다.

① 서울시 열린 데이터 광장(http://data.seoul.go.kr)에 접속하고 검색어로 "행정구역"을 입력한 후, "서울시 행정구역 시군구 정보(좌표계: WGS1984)"을 선택한다. Map 탭을 선택하고 SHP 파일 목록의 다운로드 아이콘을 클릭하여 Zip 형태의 압축파일을 다운로드한다. 압축화일에는 "TL_SCCO_SIG_W.shp", "TL_SCCO_SIG_W.shx", "TL_SCCO_SIG_W.dbf", "TL_SCCO_SIG_W.prj"라는 파일이 나타난다. 쉐이프 파일은 확장자가 .shp인 파일뿐만 아니라 이와 같이 같은 이름을 가진 파일이 3개에서 6개 존재한다. GIS 소프트웨어나 R 프로그래밍에서 쉐이프 화일을 읽기 위해서는 이들 파일이 모두 같은 폴더 안에 있어야 한다. 이 장에서는 프로그램의 편의를 위하여 "내문서" 폴더에 압축 화일을 해제한다. 이 파일에는 서울시 구별 행정구역 경계자료가 저장되어 있다.

② rgdal 패키지를 설치하고 library 함수로 선언한다. 이미 패키지가 설치되어 있는 경우에는 library 함수만 선언한다.

```
> install.packages("rgdal")
> library(rgdal)
```

③ readOGR 함수를 이용하여 쉐이프 화일 "TL_SCCO_SIG_W"을 읽고 이를 면 사상 형태의 공간 객체(admin)에 저장한다. 여기서 매개변수 dsn은 데이터베이스 이름을 지정하는데, 여기서는 쉐이프 파일이 있는 폴더명을 지정한다. 이 장에서와 같이 "내문서" 폴더에 저장되어 경로가 필요없을 경우에는 "."으로 지정한다. 매개변수 layer에는 쉐이프 파일 이름을 지정한다.

```
> admin = readOGR(dsn=".", layer="TL_SCCO_SIG_W")
```

④ CRS 함수를 이용하여 좌표계 객체(cs)를 정의한 후, proj4string 함수를 이용하여 좌표계를 설

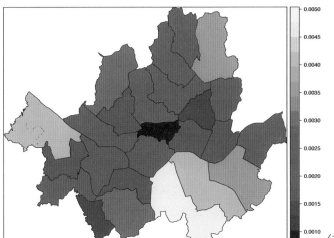

〈그림 4.5〉 쉐이프 파일 불러오기 결과

정한다. 이 경우는 앞서 객체를 생성할 때 좌표계를 설정하였던 방법과는 달리, admin이라는 공간 객체가 형성된 후 좌표계를 설정하는 것이다. 만약 ".prj" 파일이 함께 있을 경우에는 이 과정은 생략해도 무방하다. 지금의 사례와 같이 "TL_SCCO_SIG_W.prj" 파일이 함께 존재할 경우 이 프로그래밍은 생략할 수 있다.

```
> cs = CRS("+proj=longlat +datum=WGS84")
> proj4string(admin) = cs
```

지금까지의 과정을 거쳐 쉐이프 파일 형태의 공간정보 데이터를 불러와서 화면에 출력한 결과는 그림 4.5와 같다.

```
> spplot(admin, zcol="SHAPE_AREA")
```

4.2.3 래스터 화일 읽어오기

래스터 데이터는 화소의 형태로 구성된 데이터로, 수치표고모형(DEM)과 같이 단일 밴드로 이루어진 데이터에서부터 위성영상과 같이 다중 밴드로 구성된 데이터에 이르기까지 그 종류가 다양하다. 가장 단순한 형태는 화소의 행렬로 구성된 데이터이지만, 화소의 수가 많을 경우 자료 압축 기법이 적용되기도 한다. 따라서 래스터 데이터의 포맷은 GIS 소프트웨어와 데이터의 특성에 따라 다양하다. 최근에는 래스터 데이터의 포맷으로 GeoTiff 포맷이 많이 이용되고 있다. 이 포맷은 다중 밴드의 이미지와 래스터 데이터를 효율적인 압축기법으로 저장하면서 위치정보도 함께 표현할 수 있기 때문이다.

이 장에서는 R 프로그래밍을 통해 래스터 데이터를 불러오고 이를 공간정보로 저장하는 과정을 살펴보고자 한다. 사례에 활용되는 데이터는 국가 공간정보 포털 오픈마켓에서 제공하는 국토 환경성 평가 데이터이다. R 프로그래밍의 rgdal 패키지에서 제공하는 readGDAL 함수는 많은 종류의 래스터 파일 포맷을 읽어와 공간정보를 저장하는 기능을 가지고 있다. 따라서 이 함수를 이용하여 간단하게 래스터 데이터를 읽어올 수 있다.

① 국가 공간정보 포털 오픈마켓에서 로그인을 하고 키워드로 "국토환경성평가"를 입력한 후 "국토환경성평가지도"를 선택한다. 목록 화면에서 서울특별시.zip 우측의 다운로드 아이콘을 클릭한다. 다운로드된 "서울특별시.zip" 파일을 열고 이 중에서 "ecvam376084_세계측지계.tif" 파일을 내 문서 폴더에 압축을 해제한다. 이 데이터는 국토환경성평가를 통하여 대상 지역의 보전 가치를 1등급부터 5등급까지 구분하여 래스터 데이터의 형태로 제공하고 있다.

② R 프로그래밍에서 rgdal 패키지에 있는 readGDAL 함수를 이용하여 래스터 데이터를 읽어 공간객체(ecvam)에 저장한다.

```
> ecvam = readGDAL("ecvam376084_세계측지계.tif")
```

③ str 함수를 이용하여 공간객체(ecvam)의 자료구조를 살펴보면, 래스터 데이터가 저장된 공간객체는 SpatialGridDataFrame 형태를 가지고 있으며, 4가지 슬롯으로 구성되어 있다. 여기에는 래스터 데이터의 속성정보를 저장하는 data 슬롯과 래스터 데이터 자체를 저장하는 grid 슬롯, 그리고 데이터의 공간범위를 표현하는 bbox 슬롯과 좌표계 정보를 저장하는 proj4string 슬롯으로 구성되어 있음을 확인할 수 있다.

```
> str(ecvam)
## Formal class 'SpatialGridDataFrame' [package "sp"] with 4 slots
## ..@ data :'data.frame':       2444352 obs. of 1 variable:
## .. ..$ band1: int [1:2444352] NA 2 2 2 2 2 1 1 2 2 ...
## ..@ grid :Formal class 'GridTopology' [package "sp"] with 3
## slots
## .. .. ..@ cellcentre.offset: Named num [1:2] 14123423 4509419
## .. .. .. ..- attr(*, "names")= chr [1:2] "x" "y"
## .. .. ..@ cellsize : num [1:2] 10 10
## .. .. ..@ cells.dim : int [1:2] 1392 1756
## ..@ bbox : num [1:2, 1:2] 14123418 4509414 14137338 4526974
```

.. ..- attr(*, "dimnames")=List of 2

.. .. ..$: chr [1:2] "x" "y"

.. .. ..$: chr [1:2] "min" "max"

..@ proj4string:Formal class 'CRS' [package "sp"] with 1 slot

.. .. ..@ projargs: chr "+proj=merc +a=6378137 +b=6378137

+lat_ts=0.0 +lon_0=0.0 +x_0=0.0 +y_0=0 +k=1.0 +units=m

+nadgrids=@null +no_defs"

지금까지의 과정을 통하여 불러온 래스터 데이터를 출력한 결과는 그림 4.6과 같다.

```
> spplot(ecvam)
```

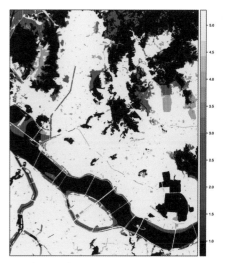

〈그림 4.6〉 래스터 데이터 불러오기 결과

4.3 공간정보 데이터 저장

R 프로그래밍을 이용하여 공간정보 데이터를 새로 구성하였거나 공간정보 데이터 처리 또는 분석과정을 통하여 새롭게 생성된 공간정보 데이터를 파일의 형태로 저장할 수 있다. 데이터의 읽기와 같이 데이터의 저장 역시 "rgdal" 패키지를 통하여 다양한 형태의 GIS 데이터로 저장할 수 있다. 이 패키지는 다양한 행태의 공간정보 파일을 읽고 쓰기 위한 OGR 함수를 제공하고 있기 때문이다. rgdal 패키지에서 벡터 형태의 공간객체를 파일로 저장하는 함수는 writeOGR이며, 래스터 형태의 공간객체를 파일로 저장하는 함수는 writeRDAL이다.

이 장에서는 4.2.1 절에서 테이블 데이터를 불러와 생성하였던 점 데이터 형태의 공간객체(spdf)를 쉐이프 파일 형태로 저장하는 방법을 살펴보고자 한다. 벡터 형태의 공간객체를 파일로 저장하는 함수는 writeOGR이다. 이 함수에는 쉐이프 파일을 포함하여 공간객체를 다양한 GIS 파일형태로 저장할 수 있다. 구체적인 과정은 다음과 같다.

① 공간객체 spdf의 데이터프레임 필드 이름을 확인한다. 아직 R 프로그램에서 한글 코드를 완전히 다루지 못하기 때문에, 필드 이름이 한글일 경우 파일 저장 과정에서 에러가 나타나기 때문이다. names 함수를 이용하면 spdf 데이터프레임의 필드 현황을 볼 수 있다.

```
〉 names(shelt)
## [1] "고유번호"  "구호소명칭"  "소재지"     "최대수용인원"
## [5] "현재수용인원" "전화번호"   "행정동코드"  "행정동명칭"
## [9] "경도"       "위도"
```

② 이러한 데이터프레임의 필드 이름을 영문으로 변경하기 위해서는 c 함수를 이용하여 각각의 데이터프레임 필드 이름을 영문으로 표현하고, 그 결과를 names(spdf)에 반영한다.

```
〉 names(shelt) = c("no", "name", "addr", "maxn", "curn", "tel", "admincode", "adminname",
"long", "lat")
```

③ writeOGR 함수를 이용하여 변경된 공간객체 spdf를 쉐이프 파일의 형태로 저장한다. writeOGR에서는 저장한 공간객체 이름(spdf)와 함께 세 가지의 파라미터를 함께 지정한다. 먼저 dsn에서는 저장할 파일의 경로를 지정하며, 현재 경로를 그대로 이용할 경우 "."을 지정한다. layer 에서는 저장할 파일의 이름을 지정한다. 마지막으로 driver에서는 GIS 파일의 형태를 지정하며, 쉐 이프 파일의 경우 "ESRI Shapefile"로 지정한다. 그 결과 현재의 내문서 폴더에 "shelter2.shp"하는 쉐이프 파일이 저장된다.

```
〉 writeOGR(shelt,dsn=".", layer="shelter2", driver = "ESRI Shapefile")
```

래스터 데이터의 저장은 writeGDAL 함수를 이용한다. 이 함수는 래스터 형태의 공간객체를 파 일로 저장하는 기능을 제공하고 있다. R 프로그래밍에서는 readGDAL 함수와 같이 writeRDAL 함 수 역시 다음과 같이 간단히 이용할 수 있다. 앞 절에서 읽어 온 래스터 공간객체 ecvam을 파일로 저장하는 명령어는 다음과 같다. writeGDAL 함수를 이용하여 파일로 저장할 래스터 공간객체 이 름(ecvam)을 지정하고, 매개변수 fname에 래스터 파일 이름(ecvam2.tif)을 지정하면, 해당 이름을 가진 파일로 저장된다.

```
〉 writeGDAL(ecvam, fname="ecvam2.tif")
```

이와 같이 R 프로그래밍의 "rgdal" 패키지에서 제공하는 함수를 이용하여 다양한 형태의 GIS 데 이터를 공간 객체로 불러들일 수 있으며, 마찬가지로 R 프로그래밍을 통해 생성하거나 공간분석의 결과물 역시 GIS 데이터 형태로 저장할 수 있다.

4.4 R을 이용한 데이터 입출력 실습

4.4.1 테이블 데이터 불러오기

서울시 열린 데이터 광장(http://data.seoul.go.kr)에 접속하고 검색어로 "대피소 방재시설"을 입력한 후, "서울시 대피소 방재시설 현황(좌표계:WGS1984)"을 선택한다. Sheet 탭을 선택하고 CSV 아이콘을 클릭하여 파일을 다운로드한다. 다운로드한 파일을 마이크로소프트 엑셀에서 열고, 첫 행이 "현재운영여부"와 "대피단계", "비고"인 열 전체를 삭제한다. 파일 메뉴에서 "다른 이름으로 저장"을 선택하고 저장 폴더를 "내문서"로, 파일 형식을 "CSV(쉼표로 분리)"로, 파일 이름을 "shelter"으로 지정하여 저장한다.

R Studio를 실행하고 다음과 같이 read.csv 함수를 이용하여 "shelter.csv" 파일을 불러들인다.

```
> library(sp)
> sh = read.csv("shelter.csv")
```

이 데이터를 점 객체로 만들기 위해 3.6.1에서 실습한 것처럼 data.frame 함수를 이용하여 경도와 위도 컬럼에 있는 내용으로 데이터프레임을 작성한 후, 이를 포인트 객체로 만든다. 이때 좌표체계는 WGS84로 설정하고 포인트 객체를 만들 때 반영한다.

```
> pt = data.frame(longitude=sh$경도, latitude=sh$위도)
> cs = CRS("+proj=longlat +datum=WGS84")
> spt = SpatialPoints(pt, proj4string=cs)
```

작성된 포인트 객체에 원래의 테이블 데이터를 속성정보로 부여하여 포인트 객체 데이터프레임을 작성한다. 작성된 결과를 확인하기 위해 포인트 객체 데이터 프레임을 출력한다.

```
> shelt = SpatialPointsDataFrame(spt, data=sh)
> spplot(shelt, zcol="최대수용인원")
```

4.4.2 쉐이프 파일 불러오기

서울 열린 데이터 광장(http://data.seoul.go.kr)에서 제공하는 공간정보 파일을 다운로드하고 향후 실습에 활용한다. 서울 열린 데이터 광장으로부터 연습용 파일을 다운로드한 후, R 소프트웨어에서 다루는 공간 객체의 형태로 변환한다. 서울 열린 데이터 광장으로부터 다운로드하여 연습용으로 사용할 데이터는 표 4.1과 같다.

서울 열린 데이터 광장의 검색창에서 표에 나타난 데이터 이름으로 검색한 후, 검색된 데이터 셋을 선택한다. 그림 4.7과 같이 데이터셋 화면에서 "Map" 탭을 클릭한 후 SHP 파일목록에 있는 파일을 다운로드한다.

이러한 방식으로 표 4.1에 나타난 4개의 공간정보를 다운로드 한 후, 압축 파일을 풀고, "내문서" 폴더로 복사한다.

R Studio를 실행하고 다음과 같이 rgdal 패키지의 라이브러리를 선언한다. 서울시에서 제공하는 공간정보는 ESRI의 쉐이프 파일 형태를 가지고 있으므로 rgdal 패키지에서 제공하는 readOGR 함

〈표 4.1〉 서울 열린 데이터 광장에서 다운로드할 데이터 목록

데이터 이름	화일명	공간 객체명
서울시 대피소 방재시설 현황(좌표계: WGS1984)	shelter.csv	shelt
서울시 행정구역 시군구 정보(좌표계: WGS1984)	TL_SCCO_SIG_W_SHP.zip	admin
서울시 둘레길 선형 위치정보(좌표계: WGS1984)	DoDreamWay01_L_W_SHP.zip	dule
서울시 실폭도로 공간정보(좌표계: WGS1984)	SDE_TL_SPRD_RW_2017_W_SHP.zip	road

〈그림 4.7〉 서울시 데이터 광장의 데이터 제공 화면

수를 이용한다. readOGR 함수를 이용하여 각 쉐이프 화일을 공간 객체로 가져온다.

```
> library(rgdal)
> admin = readOGR(dsn=".", layer="TL_SCCO_SIG_W")
> dule = readOGR(dsn=".", layer="DoDreamWay01_L_W")
> road = readOGR(dsn=".", layer="SDE_TL_SPRD_RW_2017_W")
```

이들 파일의 좌표 체계는 WGS84를 사용하고 있으므로 공간 참조 체계(CRS)는 WGS84로 설정한다. 이러한 방법을 통하여 서울시에서 제공하는 공간정보 중에서 대표적인 3개의 파일을 준비한다.

```
> cs = CRS("+proj=longlat +datum=WGS84")
> proj4string(admin) = cs
> proj4string(dule) = cs
> proj4string(road) = cs
```

4.4.3 생성된 데이터 저장하기

4.4.1 절에서 작성한 점 객체 데이터프레임(shelt)을 쉐이프 파일의 형태로 저장한다. 이를 위해서는 먼저 데이터 프레임의 필드 이름이 영문으로 구성되어야 한다. 따라서 c 함수를 이용하여 각각의 데이터프레임 필드 이름을 영문으로 표현하고, 그 결과를 names 함수로 점 객체 데이터프레임에 반영한다. 그리고 writeOGR 함수를 이용하여 파일을 저장한다. 이때 layer에는 저장할 화일의 이름을, driver에는 "ESRI Shapefile"를 지정한다.

```
> names(shelt) = c("no", "name", "addr", "maxn", "curn", "tel", "admincode", "adminname",
"long", "lat")
> writeOGR(shelt, dsn=".", layer="shelter2", driver = "ESRI Shapefile")
```

그 결과 현재의 내문서 폴더에 "shelter2.shp"라는 쉐이프 파일이 저장된다. 저장된 파일을 QGIS에서 불러들인 결과는 그림 4.8과 같다.

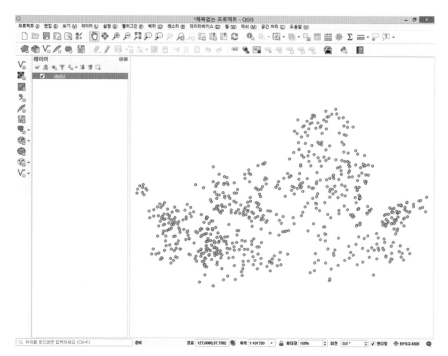

〈그림 4.8〉 R에서 저장한 데이터를 QGIS에서 불러들인 화면

5. 공간정보의 시각화

공간 위에 나타나는 지리적 현상을 표현하고 그 특성을 파악하기 위해서는 시각화하여 그 공간적 분포를 표현하여야 한다. 따라서 공간정보에 있어서 시각화는 필수적인 기능이며, 대부분의 공간정보 소프트웨어에서는 다양한 시각화 기능을 제공하고 있다. 공간정보의 시각화 측면에서 R 소프트웨어는 강력한 기능을 제공하고 있다. R 소프트웨어는 그래프와 같은 그래픽 기능이 매우 뛰어나다는 장점을 가지고 있기 때문이다. 따라서 R 소프트웨어에서 제공하고 있는 뛰어난 그래픽 기능을 이용하여 공간정보를 시각화할 수 있다.

R 소프트웨어에서 공간정보를 시각화하는 기능은 크게 두 가지로 나누어 볼 수 있다. 첫 번째는 R 소프트웨어에서 기본적으로 제공하는 그래픽 기능을 이용하는 것이다. 원래 R 소프트웨어는 통계처리를 목적으로 만들어졌기 때문에, 통계처리 결과를 그래프로 표현하는 기능이 기본적으로 탑재되어 있다. 따라서 이 기능을 이용하면 공간정보를 간단히 시각화할 수 있다. 두 번째는 공간정보를 시각화하기 위한 별도의 패키지를 이용하는 것이다. R 소프트웨어에서 공간정보를 처리하기 위해 제작된 sp 패키지나 tmap 패키지에서는 별도의 공간정보 시각화 함수를 제공하고 있으며, 구글 지도를 배경으로 공간정보를 시각화하는 패키지도 활용할 수 있다. 이번 장에서는 R 소프트웨어에서 공간정보를 시각화하는 함수들을 살펴보기로 한다.

5.1 기본적인 시각화 함수 plot

R 소프트웨어에서 공간정보를 시각화하는 가장 간단한 방법은 R에서 제공하는 기본적인 공간정보 디스플레이 함수인 plot을 이용하는 것이다. plot 함수는 sp 패키지에서 제공하는 공간정보의 네 가지 유형인 점, 선, 면, 그리드 데이터를 지원한다. 이 함수에 의해 나타나는 결과는 마치 ArcGIS에서 쉐이프화일을 추가했을 때와 같이 단일한 색상 또는 기호로 나타난다.

점, 선, 면 데이터와 같은 벡터 데이터의 경우 plot 함수를 이용하며, 래스터 데이터의 경우 image 함수를 이용한다. plot 함수의 사용방법은 다음과 같다.

> plot(공간객체 이름)

이와 같이 plot 함수에서 간단히 공간 객체의 이름만 입력하여 공간 데이터를 화면에 나타낼 수 있다. 또한 axes 매개변수의 값을 TRUE로 설정하면 지도 주변에 축과 좌표값을 표현할 수 있다. 예를 들어 4.2.2 절에서 불러온 폴리곤 형태의 공간 객체(admin)을 축과 함께 디스플레이한다면 다음과 같다.

```
> plot(admin, axes=TRUE)
```

하나의 화면에 여러 공간 데이터를 겹쳐서 표현할 경우에는 매개변수 add의 값을 TRUE로 설정하면 추가적으로 공간 데이터를 디스플레이할 수 있다. 예를 들어 4.2.1 절에서 생성한 점 형태의 공간객체(shelt)를 추가하여 표현한다면 그림 5.1과 같다.

```
> plot(shelt, add = TRUE)
```

또한 plot 함수에서는 여러 가지 매개변수를 이용하여 색상이나 기호를 사용자가 지정할 수 있다. 그러나 이들 색상이나 기호는 하나의 공간 객체에 단일한 색상이나 기호로 적용되며, 속성 정보에 따라 기호가 구분되지는 않는다. plot 함수에서 제공되는 매개변수의 종류와 사용 사례는 표 5.1과 같다.

예를 들어 4.2.2 절에서 불러온 폴리곤 객체인 admin를 대상으로 면 색상은 녹색, 경계색은 적색으로 설정하여 축을 표시한 후, 그 위에 점 객체인 spdf를 겹쳐서 청색의 삼각형 기호를 0.5 포인트 크기로 디스플레이한다면 그림 5.2와 같다. 마지막으로 title 함수를 이용하면 지도에 제목을 추가할 수 있다.

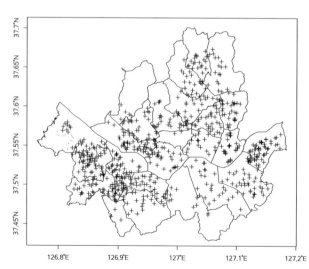

〈그림 5.1〉 plot 함수를 이용한 데이터 시각화

〈표 5.1〉 plot 함수의 매개 변수와 사용 사례

클래스	매개 변수	의미	변수 값 적용 사례
점 SpatialPointsDataFrame	pch	모양	1:○, 2:△, 3:+, 4:×, 5:◇, 6:▽, 7:⊠, 8:✳, 9:✦, 10:⊕...
	col	색상	"black", "red", "blue", "yellow", "green", "orange"...
	bg	배경색	"black", "red", "blue", "yellow", "green", "orange"...
	cex	크기	포인트 크기로 설정
선 SpatialLinesDataFrame	col	색상	"black", "red", "blue", "yellow", "green", "orange"...
	lwd	선굵기	포인트 크기로 설정
	lty	선유형	1:실선, 2:파선, 3:점선, 4:일점쇄선 ...
면 SpatialPolygonsDataFrame	border	경계색	"black", "red", "blue", "yellow", "green", "orange"...
	density	무늬밀도	포인트 크기로 설정
	angle	무늬각도	포인트 크기로 설정
	col	면색상	"black", "red", "blue", "yellow", "green", "orange"...
	lty	선유형	1:실선, 2:파선, 3:점선, 4:일점쇄선 ...
	pbg	홀색상	"black", "red", "blue", "yellow", "green", "orange"...
래스터 SpatialPixelsDataFrame SpatialGridDataFrame	zlim	임계치	표현하려는 속성의 최대값
	col	색상	"black", "red", "blue", "yellow", "green", "orange"...
	breaks	중단점	색상 배열의 중단점(Break points)

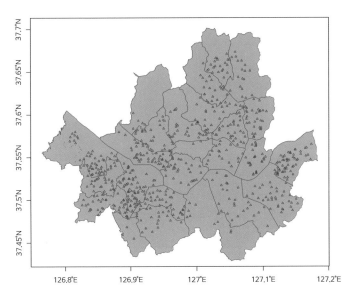

〈그림 5.2〉 plot 함수의 옵션을 이용한 데이터 시각화

```
〉plot(admin, col="green", border="red", axes=TRUE)
〉plot(shelt, add = TRUE, col="blue", pch=2, cex=0.5)
〉title("서울시 대피소 위치")
```

5.2 속성정보를 이용한 시각화 함수 spplot

공간정보는 위치정보 뿐만 아니라 해당 위치가 가지고 있는 속성정보 역시 담고 있다. 따라서 공간정보를 시각화하는 과정에서 공간상에 표현되는 정보와 더불어 공간정보에 포함된 속성정보를 주제도로 표현하는 기능이 필요하다. 공간 객체를 하나의 기호나 색상으로 표현하는 plot 함수와는 달리 spplot 함수는 속성 정보를 이용하여 공간 객체의 기호나 색상을 결정하여 주제도로 표현하는 기능을 가지고 있다. 즉 ArcGIS에서 Graduated Colors를 이용하여 속성정보에 따라 지도의 색상을 표현하는 결과와 유사하다. spplot 함수의 기본 사용법은 다음과 같다.

> spplot(공간객체 이름, "속성항목 이름")

여기서 항목이름이 주어지지 않을 경우 모든 속성에 대하여 별도의 주제도가 생성되며, 2개 이상의 항목을 c 함수로 묶어서 표현하면 해당 항목의 주제도가 생성된다. 생성되는 주제도는 지정된 속성항목의 수치를 읽어 16개 계급의 등간격 분류를 실시한 후, 노란색부터 파란색 계열의 기본 팔레트로 표현한다. 계급의 수를 지정할 경우에는 매개변수 cuts를 이용하여 계급수를 지정한다. 앞서 설정한 공간객체 admin을 이용하여 속성 정보에서 "면적"을 이용하여 5개 계급으로 주제도를 작성한 결과는 그림 5.3과 같다.

> spplot(admin, "SHAPE_AREA", cuts=5)

R 소프트웨어에서는 다양한 팔레트(색상 배열)를 이용하여 주제도의 색상을 지정할 수 있다. 지도학에서 가장 알려진 색상 배열은 미국의 Brewer 교수가 개발한 ColorBrewer(http://colorbre

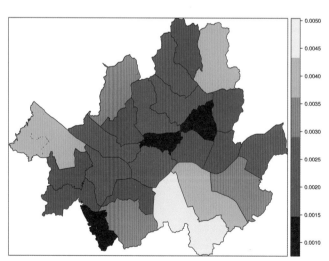

〈그림 5.3〉 spplot 함수를 이용한 데이터 시각화

wer2.org) 이다. R 소프트웨어에서는 RColorBrewer라는 패키지에서 이러한 팔레트를 담고 있다. 따라서 RColorBrewer 패키지를 인스톨한 후, 다음과 같이 색상 배열을 표시한다. 팔레트 출력 결과는 그림 5.4와 같다.

```
> install.packages("RColorBrewer")
> library(RColorBrewer)
> display.brewer.all(n=5, exact.n=FALSE)
```

여기서 display.brewer.all 함수를 이용하면 현재 RColorBrewer 패키지에서 제공하는 팔레트의 이름과 색상이 나타난다. 위의 사례에서는 5단계의 색상만 표현하는 경우이며 매개변수 n의 값에 원하는 계급수를 지정한다. 화면에 나타난 색상 중에서 하나의 팔레트를 선택하고 다음과 같이 해당 팔레트를 지정한다.

```
# 특정 팔레트 지정하기
> pal <- brewer.pal(5, "OrRd")
```

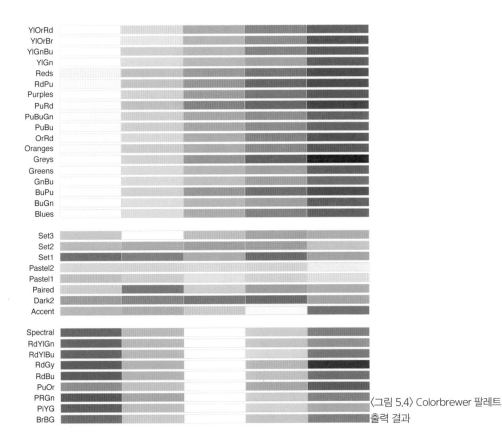

〈그림 5.4〉 Colorbrewer 팔레트 출력 결과

본 사례에서는 주황색에서 빨간색 계열인 "OrRd" 팔레트를 선택하고 계급의 수는 5로 지정하여 팔레트 변수인 pal에 그 결과를 저장한다. 이와 같은 과정을 거쳐 만들어진 팔레트 변수(pal)을 spplot 함수에서 매개변수 col.regions의 값으로 지정한다. 팔레트를 이용하여 지도를 그린 결과는 그림 5.5와 같다.

```
> spplot(admin, "SHAPE_AREA", cuts=5, col.regions=pal)
```

이러한 단계를 거쳐 제작된 주제도는 속성 정보의 최소값부터 최대값까지의 범위를 구한 후 계급 수로 나누어 극간을 설정한 등간격 분류의 결과이다. 지도학에서는 등간격 분류 이외에도 여러 가지 분류기법을 이용하여 속성 정보의 수치를 계급으로 분류하고 이를 단계구분도로 표현한다. R 소프트웨어를 이용하여 단계구분도를 작성하기 위해서는 이와 같이 속성정보를 계급분류하는 함수가 필요하다. 이때 주로 사용되는 함수가 classInt 패키지에서 제공하는 ClassIntervals 함수이다. 먼저 classInt 패키지를 설치한 후, 다음과 같이 ClassIntervals 함수를 이용한다.

```
> install.packages("classInt")
> library(classInt)
> brk <- classIntervals(admin$SHAPE_AREA, n = 5, style = "quantile")
```

여기서 계급 분류한 결과는 brk라는 변수에 저장되며, 이 변수가 spplot에 적용된다. classIntervals 함수는 분류할 속성항목의 이름과 계급 수, 계급 분류 방법을 매개변수로 이용한다. 위의 사례에서 속성항목의 이름은 데이터프레임 형태의 공간 객체 admin에서 SHAPE_AREA라는 속성항목

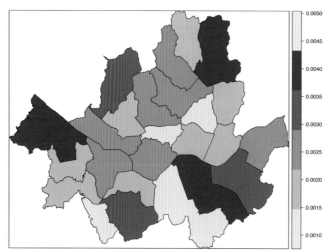

〈그림 5.5〉 spplot 함수의 팔레트를 이용한 데이터 시각화

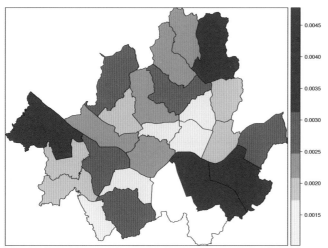

〈그림 5.6〉 등돗수 분류에 의한 데이터 시각화

을 이용하기 때문에 admin$SHAPE_AREA로 지정된다. 계급의 수는 매개변수 n으로 지정되며, 계급 분류 방법은 매개변수 style에서 지정된다. 이 함수에서 제공하고 있는 계급 분류 방법은 sd(표준편차 분류), equal(등간격 분류), quantile(등돗수 분류), kmeans(이동평균법), hclust(계층적 군집분류), jenks(자연분류법) 등이 있다. 사용자가 원하는 계급 분류 방법을 style의 값으로 지정할 수 있으며 본 사례에서는 등도수 분류법을 이용하였다. 이와 같은 과정을 거쳐 등돗수 분류에 의해 5개로 분류된 단계구분도는 다음과 같이 작성하며, 지도의 시각화 결과는 그림 5.6과 같다.

〉 spplot(admin, "SHAPE_AREA", col.regions=pal, at = brk$brks)

spplot 함수에서 계급 분류의 결과가 적용되는 매개변수는 at이며, 그 값으로 저장되는 변수는 계급 분류 결과가 저장된 변수(brk)에서 계급 극간의 값을 가지고 있는 brks 항목이다. 즉 계급 분류 결과가 저장된 변수는 리스트 데이터 형태를 가지고 있으며, 이 중에서 분류계급의 극간값을 가지고 있는 항목은 brks이다. 따라서 매개변수 at의 값은 brk$brks로 지정한다.

이와같은 계급 분류 기법을 사용하지 않고 사용자가 직접 계급 구간을 설정할 수도 있다. 각 계급 구간의 최소값부터 최대값까지의 극간을 지정한 후, c 함수를 이용하여 하나로 묶어 표현한다. 예를 들어 서울시 면적의 극간을 최소 0부터 시작하여 각각 0.001, 0.002, 0.003, 0.004, 0.005로 모두 5개 계급으로 표현하고 싶다면 다음과 같다.

〉 brk2 = c(0, 0.001, 0.002, 0.003, 0.004, 0.005)

〉 spplot(admin, "SHAPE_AREA", col.regions=pal, at=brk2, main="서울시 면적")

이와 같이 spplot 함수에서 계급 극간을 담은 변수 brk2를 매개변수 at의 값으로 설정하면 사용자

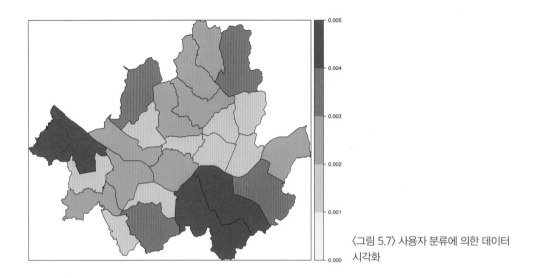

〈그림 5.7〉 사용자 분류에 의한 데이터 시각화

가 지정한 극간에 따라 단계구분도가 생성된다. 또한 매개변수 main을 이용하면 지도에 제목을 붙일 수 있다. 지도의 시각화 결과는 그림 5.7과 같다.

5.3 속성정보를 이용한 단계구분도 작성

쉐이프 파일과 같은 공간정보는 도형정보와 속성정보로 구성되어 있다. 도형정보는 지도로 표현되는 점, 선, 면의 위치정보를 가지고 있으며, 속성정보는 각 도형에 대한 속성값을 가지고 있다. 따라서 공간정보의 속성정보를 이용하여 일정한 계급으로 구분한 후, 각 계급별로 기호를 부여하는 단계구분도를 제작할 수 있다.

5.3.1 단계구분도 작성을 위한 데이터 준비

R 소프트웨어에서 속성정보를 확인하기 위해서는 공간객체에 "@data"를 붙이면 내용을 볼 수 있다. 속성정보의 양이 많을 경우에는 head 함수를 이용하면 처음의 몇 줄의 내용만을 확인할 수 있다. 서울시 구별 행정구역 객체의 속성정보를 일부 확인하려면 다음과 같이 입력한다.

```
> head(admin@data)
## SIG_CD   SIG_KOR_NM  SIG_ENG_NM ESRI_PK   SHAPE_AREA   SHAPE_LEN
## 0 11320   도봉구       Dobong-gu      0     0.002109905   0.2399013
## 1 11380   은평구      Eunpyeong-gu    1     0.003040617   0.3271430
```

## 2 11230	동대문구	Dongdaemun-gu	2	0.001453163	0.1828370
## 3 11590	동작구	Dongjak-gu	3	0.001669980	0.2377957
## 4 11545	금천구	Geumcheon-gu	4	0.001325486	0.2116494
## 5 11530	구로구	Guro-gu	5	0.002046825	0.3475680

속성정보 중에서 특정 항목의 내용만 확인할 경우에는 "$"를 붙인 후, 항목 이름을 붙인다. 예를 들어 "SHAPE_AREA" 항목의 내용을 보고 싶을 경우에는 다음과 같이 입력한다. 혹은 "@data"를 생략하고 "$필드명"을 사용하여도 무방하다.

```
> admin@data$SHAPE_AREA 또는
> admin$SHAPE_AREA
## [1] 0.002109905 0.003040617 0.001453163 0.001669980 0.001325486 0.002046825
## [7] 0.002447515 0.002411793 0.001892675 0.004027015 0.004227042 0.001016698
## [13] 0.002504421 0.001736505 0.002414757 0.003012138 0.004776140 0.002511225
## [19] 0.003640165 0.003449433 0.001714354 0.001811308 0.001774742 0.002511684
## [25] 0.002233743
```

연습용 파일인 서울시 구별 행정구역의 경우 면적이외에는 다른 속성정보를 가지고 있지 않다. 따라서 그림 5.8과 같은 인구정보를 엑셀에서 입력한 후 다른 이름으로 저장을 선택하고 파일 형식을 "CSV(쉼표로 분리)"로 선택한 후 "내문서" 폴더에서 "seoul.csv" 파일로 저장한다. 여기서 첫 줄은 필드명으로 각각 code, name, pop2017로 입력한다.

인구수가 저장된 "seoul.csv" 파일을 R 소프트웨어에서 데이터 프레임의 형태로 불러들인 후, 다음과 같이 merge 함수를 이용하여 행정구역 데이터의 속성정보와 인구 데이터를 결합한다. 이 과정에서 데이터를 결합의 기준이 되는 값을 지정하여야 한다. 연습용 데이터의 경우 시군구 코드를 기준으로 데이터를 결합한다. 따라서 merge 함수의 by.x에는 행정구역 데이터 속성정보에서 시군구 코드를 담고 있는 필드명을, by.y에는 인구 데이터에서 시군구 코드를 담고 있는 필드명을 지정한다.

```
> pop = read.csv("seoul.csv")
> admin = merge(admin, pop, by.x="SIG_CD", by.y="code")
> head(adnmin@data)
##    SIG_CD SIG_KOR_NM SIG_ENG_NM ESRI_PK  SHAPE_AREA  SHAPE_LEN
```

## 10	11320	도봉구	Dobong-gu	0	0.002109905	0.2399013
## 12	11380	은평구	Eunpyeong-gu	1	0.003040617	0.3271430
## 6	11230	동대문구	Dongdaemun-gu	2	0.001453163	0.1828370
## 20	11590	동작구	Dongjak-gu	3	0.001669980	0.2377957
## 18	11545	금천구	Geumcheon-gu	4	0.001325486	0.2116494
## 17	11530	구로구	Guro-gu	5	0.002046825	0.3475680

	name	pop2017
##	name	pop2017
## 10	도봉구	332586
## 12	은평구	466243
## 6	동대문구	357380
## 20	동작구	400236
## 18	금천구	249930
## 17	구로구	436869

인구 데이터를 이용하여 인구밀도를 표현하기 위해서는 행정구역별 면적이 필요하다. 그런데 연

	A	B	C	D	E	F	G	H	I	J	K
1	code	name	pop2017								
2	11110	종로구	157277								
3	11140	중구	127896								
4	11170	용산구	223898								
5	11200	성동구	302367								
6	11215	광진구	363934								
7	11230	동대문구	357380								
8	11260	중랑구	396892								
9	11290	성북구	445417								
10	11305	강북구	313698								
11	11320	도봉구	332586								
12	11350	노원구	543499								
13	11380	은평구	466243								
14	11410	서대문구	321345								
15	11440	마포구	368841								
16	11470	양천구	452111								
17	11500	강서구	581675								
18	11530	구로구	436869								
19	11545	금천구	249930								
20	11560	영등포구	393560								
21	11590	동작구	400236								
22	11620	관악구	511222								
23	11650	서초구	414550								
24	11680	강남구	522514								
25	11710	송파구	633953								
26	11740	강동구	423978								

〈그림 5.8〉 서울시 구별 인구(2017년)

습용 데이터인 서울시 구별 행정구역도의 경우 좌표체계가 WGS 1984로, 거리단위가 도(decimal degree) 단위로 되어 있기 때문에 거리나 면적의 계산 결과 역시 도 단위로 표현된다. 따라서 좌표체계 변환을 통하여 공간 데이터를 직각좌표계로 변환한 후, 면적을 계산하여야 한다. R 소프트웨어에서는 CRS 함수를 이용하여 직각좌표계를 정의한 후, spTransform 함수를 이용하여 좌표계 변환이 이루어진다. 다음과 같이 CRS 함수를 이용해 "UTM–K" 좌표계를 정의한 후, 좌표계 변환을 실시한다. 이 과정을 거쳐 UTM–K 좌표계를 가진 서울시 구별 행정구역 데이터(admin_utm)가 작성된다.

```
〉utm_k = CRS("+proj=tmerc +lat_0=38 +lon_0=127.5 +k=0.9996
+x_0=1000000 +y_0=2000000 +ellps=GRS80 +units=m +no_defs")
〉admin_utm = spTransform(admin, utm_k)
```

좌표변환된 데이터로부터 rgeos 패키지의 gArea 함수를 이용하여 각 구별 면적을 계산한 후, 이를 행정구역 데이터 속성정보의 area라는 필드로 저장한다. 이와 같이 데이터명 뒤에 "$"와 새 필드명을 붙이면 새로운 필드가 작성된다.

```
〉install.packages("rgeos")
〉library(rgeos)
〉admin_utm$area = gArea(admin_utm, byid=TRUE)
```

인구밀도는 인구수에서 면적을 나눈 결과이므로 "인구 / 면적"의 수식을 이용하여 인구밀도를 구하여 popden이라는 필드에 저장한다. 여기서 utm–k로 좌표변환을 수행한 데이터를 이용하기 때문에 면적단위는 ㎡이다. 따라서 면적단위를 ㎢로 변환하기 위하여 지금의 면적값에 1,000,000을 나누어 계산한다.

```
〉admin_utm$popden = admin_utm$pop2017 / (admin_utm$area / 1000000)
```

5.3.2 spplot을 이용한 단계구분도 제작

5.3.1절에서 준비한 인구밀도 데이터를 이용하여 단계구분도를 작성한다. 5.2절에서와 같이 classInt 패키지에서 제공하는 classIntervals 함수를 이용하여 데이터의 계급을 분류한 후 spplot 함수를 이용하여 단계구분도를 작성한다. 이때 단계구분도에서 적용하는 데이터는 admin_utm 데이터의 popden 필드이다. 이 사례에서는 Jenks의 자연분류법을 이용하여 인구밀도 자료를 5개의 계급으로 구분한 후, 오렌지색에서 빨간색 계열로 단계구분도를 작성한다.

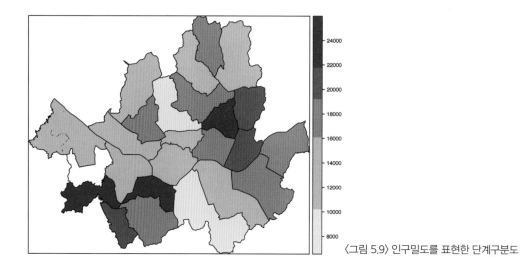

〈그림 5.9〉 인구밀도를 표현한 단계구분도

```
> library(classInt)
> brk = classIntervals(admin_utm@data$popden, n = 5, style = "jenks")
> library(RColorBrewer)
> pal = brewer.pal(5, "OrRd")
> spplot(admin_utm, "popden", col.regions=pal, at = brk$brks, main="서울시 구별 인구밀
도")
```

이러한 과정을 거쳐 작성한 단계구분도는 그림 5.9와 같다.

5.3.3 tmap을 이용한 단계구분도 제작

R 소프트웨어에서 주제도를 전문적으로 제작하는 패키지로 "tmap"이 있다. 이 패키지는 공간정
보를 이용하여 다양한 주제도를 작성하는 기능을 제공한다. 따라서 이 패키지를 이용하면 단계구
분도를 간단히 작성할 수 있다. 먼저 "tmap" 패키지를 설치하고 라이브러리를 선언한다.

```
> install.packages("tmap")
> library(tmap)
```

이 패키지에서는 tm_shape라는 함수에서 공간 객체를 지정하며, 단계구분도의 경우와 같이 폴
리곤 데이터로 색상을 표현하기 위해서는 tm_polygons 함수를 함께 사용한다. 이때 단계구분도로
표현할 속성 정보의 필드명을 "col" 매개변수로 지정한다. 5.3.1 절에서 준비한 UTM-K 좌표계의
서울시 구별 데이터(admin_utm)에서 인구밀도 필드(popden)를 간단한 단계구분도로 표현하는

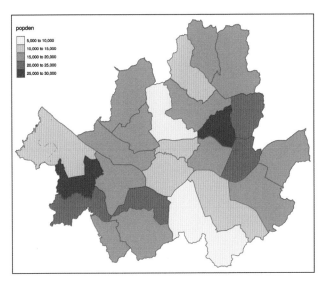

<그림 5.10> tmap을 이용한 간단한 단계구
분도

코드는 다음과 같으며, 그 결과는 그림 5.10과 같다.

```
> tm_shape(admin_utm) + tm_polygons(col="popden")
```

여기서 tm_polygon 함수에 여러 가지 옵션을 이용하여 단계구분도를 정교하게 개선할 수 있다. 예를 들어 계급의 수는 파라미터 "n"을 이용하여 지정할 수 있으며, 계급의 구분 방법 역시 파라미터 "style"에서 지정할 수 있다. 예를 들어 계급의 수는 6개로, 계급 구분 방법은 Jenks의 자연분류법을 이용할 경우 다음과 같이 입력한다. 그 결과는 그림 5.11과 같다.

```
> tm_shape(admin_utm) + tm_polygons(col="popden", n=6, style="jenks")
```

또한 파라미터 "palette"을 이용하여 단계구분도 색상을 조정할 수 있으며, tm_legend 함수를 통하여 범례를 지도 밖으로 위치시킬 수도 있다. 예를 들어 단계구분도의 색상을 5.3.2에서 정의한 "OrRd"로 수정하고, 범례의 위치는 지도 밖으로 위치하는 경우에는 다음 코드와 같이 입력한다. 지도의 출력 결과는 그림 5.12와 같다.

```
> tm_shape(admin_utm) + tm_polygons(col="popden", n = 6,
style="jenks", palette = "OrRd")+tm_legend(outside = TRUE)
```

그밖에 파라미터 "breaks"을 이용하면 사용자가 계급의 극간을 직접 지정할 수 있으며, 파라미터 "labels"을 이용하면 범례에 나타나는 내용도 직접 지정할 수 있다. 예를 들어 서울시 인구밀도를

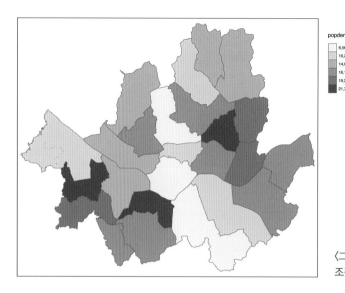

〈그림 5.11〉 계급 수와 계급 구분 방법의
조정 결과

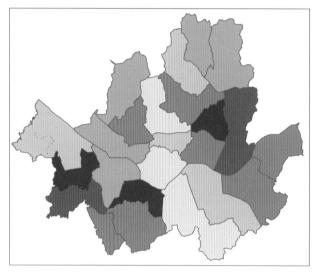

〈그림 5.12〉 색상과 범례 조정 결과

10,000명/㎢, 20,000명/㎢, 그리고 그 이상의 3 등급으로 구분하고 범례의 내용도 변경하고 싶을 경우에는 다음 코드와 같이 입력한다. 지도의 출력 결과는 그림 5.13와 같다.

```
> tm_shape(admin_utm) + tm_polygons(col="popden",
breaks = c(0, 10000, 20000, 30000),
labels = c("under 10,000", "10,000-20,000", "over 20,000"),
palette = "OrRd")+tm_legend(outside = TRUE)
```

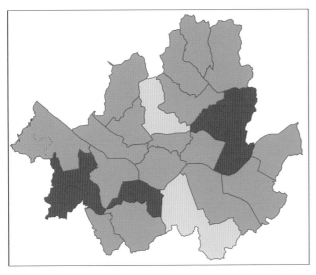

popden

■ under 10,000

■ 10,000–20,000

■ over 20,000

〈그림 5.13〉계급 극간과 범례 내용의 변경
결과

5.4 구글 지도를 이용한 시각화

공간정보는 지표면의 위치정보를 참조하여 표현하기 때문에 구글 지도를 배경으로 공간정보를
표현할 경우 효과적으로 위치정보를 표현할 수 있다. 구글 지도를 배경으로 공간정보를 표현하면
위치정보의 좌표뿐만 아니라 다양한 도로, 지명 등 다양한 정보를 배경으로 제공할 수 있기 때문이
다. R 소프트웨어에서 제공하는 ggmap 패키지는 구글 지도를 배경으로 주제도로 제작할 수 있는
기능을 제공하고 있다. ggmap 패키지는 다음과 같이 설치한다.

```
> install.packages("ggmap")
> library(ggmap)
```

ggmap 패키지는 구글 지도를 배경 데이터로 불러오고 그 위에 공간정보를 시각화하는 기능을 제
공하고 있다. 2.6 버전 이전의 ggmap 패키지는 별도의 승인과정 없이 구글 지도를 이용하였으나,
2018년 이후부터 구글 지도를 이용하기 위해서는 별도의 승인이 필요하다. 따라서 2.6 이전 버전의
ggmap은 이용할 수 없으며, 2.7 이후의 버전으로 업데이트가 필요하다. R studio에서는 우측 하단
의 패키지 탭에서 update 버튼을 클릭하여 3.0 버전으로 업데이트할 수 있다. 업데이트된 ggmap을
이용하기 위해서는 구글 플랫폼으로부터 사용승인과 API 키가 필요하다. R 소프트웨어에서 구글
지도를 사용하기 위해서는 구글맵 플랫폼 홈페이지(https://cloud.google.com/maps-platform)

에서 API 키를 발급받아야 한다.

구글맵 플랫폼 홈페이지에서 API 키를 발급받는 절차는 다음과 같다. 그림 5.14와 같이 홈페이지에 로그인한 후 "시작하기" 버튼을 클릭하면 그림 5.15와 같은 구글맵 플랫폼 사용 설정 화면이 나타난다. 이 화면에서 Maps를 선택한 후, 프로젝트 이름을 입력하면 그림 5.16과 같이 API 키 코드가 화면에 나타난다.

구글맵 플랫폼 홈페이지에서 발급받은 API 키 코드를 복사한 후 다음과 같이 R 소프트웨어에서 register_google 함수에 적용한다.

```
> api_key="A****************************"
> register_google(key=api_key, write=TRUE)
```

〈그림 5.14〉 구글맵 플랫폼 초기화면

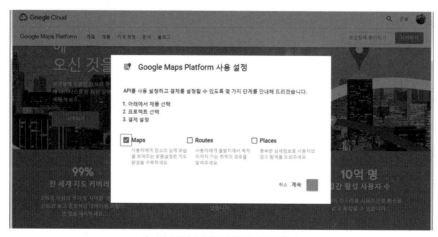

〈그림 5.15〉 구글맵 플랫폼 설정 화면

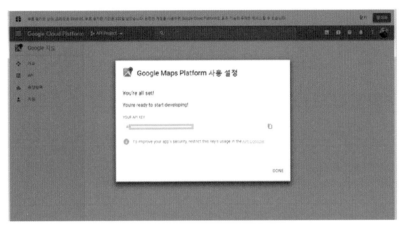

〈그림 5.16〉 구글맵 플랫폼의 API 키 부여화면

여기서 api_key라는 변수에 구글맵 API 코드의 값을 저장한 후, register_google 함수에서 매개변수 key의 값으로 api_key 변수값을 저장한다. 이러한 과정을 거쳐 구글 지도를 R 소프트웨어에서 사용할 수 있다.

ggmap 패키지에는 get_map 함수를 이용하여 배경으로 적용할 구글 지도를 작성한 후, 그 위에 공간 데이터를 중첩하여 표현한다. 점 데이터를 중첩하기 위해서는 geom_point 함수를, 선 데이터를 중첩하기 위해서는 geom_line 함수를, 면 데이터를 중첩하기 위해서는 geom_polygon 함수를 이용한다. 여기서 중첩되는 공간 데이터는 공간 객체의 형태가 아니라 데이터프레임의 형태가 적용된다. 따라서 기존의 공간 객체를 데이터 프레임의 형태로 변환하여야 한다.

구글 지도를 배경으로 시각화하는 과정을 점 데이터와 면 데이터의 사례로 구체적으로 설명하면 다음과 같다. 먼저 점 데이터는 앞 절에서 작성한 서울시 대피소의 공간 분포를 나타낸 공간객체 shelt를 이용한다. 구체적인 과정은 다음과 같다.

① 배경으로 삼을 구글 지도를 가져온다. get_map 함수를 이용하여 구글 지도의 위치와 확대정도, 지도 유형을 설정한다. get_map 함수에서 매개변수 location은 불러올 구글 지도의 중심점의 위치이다. 위치의 좌표는 매개변수 lon에 경도값을, lat에 위도값을 부여하고 c 함수로 위도와 경도를 묶어 위치를 표현한다. 매개변수 zoom은 지도의 확대 정도를 나타낸다. zoom의 값이 작을수록 축소된 지도가, 클수록 확대된 지도가 나타난다. 일반적으로 3이면 대륙 규모, 21이면 건물이 나타날 정도의 축척이다. 매개변수 maptype은 지도의 유형을 지정한다. 도로 지도의 경우 "roadmap", 위성 영상의 경우 "satellite", 지형 표현의 경우 "terrain"으로 설정한다. 서울시를 배경으로 구글 지도를 불러오는 사례는 다음과 같다.

〉 gmap = get_map(location=c(lon = 127, lat = 37.55), zoom=11, maptype="roadmap")

여기서 경도 127도, 위도 37.55를 중심으로 확대 정도가 11인 도로 지도를 불러와 gmap이라는 변수에 저장하였다.

② 공간 데이터를 데이터 프레임 형태로 변환한다. 서울시 대피소를 공간 객체로 작성한 본 사례에서는 다음과 같이 data.frame 함수를 이용하여 공간 객체(shelt)를 데이터프레임으로 변환한다. 여기서는 4.2.1절에서 생성한 정형성의 공간객체 shelt를 데이터프레임으로 변환하여 mapdata라는 변수에 저장하였다.

〉 mapdata = data.frame(shelt)

③ geom_point 함수를 이용하여 데이터프레임 mapdata의 내용을 지도화하고, ggmap 함수를 통해 ①에서 작성한 gmap을 구글 지도로 변환하여 이를 결합한다. geom_point 함수에서 매개변수 data는 지도로 표현할 데이터프레임 변수의 이름을 지정하며, 지도에 그려질 요소를 표현하는 매개변수 aes에는 x 좌표(x), y 좌표(y), 점의 색상(colour), 점의 크기(size)를 지정한다. 매개변수 colour와 size의 경우 속성항목을 지정하면, 속성값의 크기에 따라 색상과 크기가 부여된다. 서울시 대피소 사례의 경우 ②에서 작성한 mapdata가 지도화 대상 자료이며, 이 데이터프레임의 longitude와 latitude 항목을 각각 매개변수 x에 y로 적용하고, 속성자료의 항목인 최대수용인원을 매개변수 colour와 size에 적용하였다. 따라서 다음과 같이 geom_point 함수를 작성하고 이를 구글 지도와 결합하였다.

〉 gmap.map = ggmap(gmap)+geom_point(data=mapdata, aes(x=longitude, y=latitude, colour=mapdata$최대수용인원, size=mapdata$최대수용인원), alpha=1)

여기서 ggmap 함수는 ①에서 저장한 gmap을 구글 지도의 배경으로 작성하는 함수이며, geom_point 함수는 ②에서 작성한 mapdata를 점 형태의 지도로 작성하는 함수이다. 이 두 함수는 + 연산을 통하여 결합되며, 그 결과 구글 지도와 점 형태의 지도가 중첩되어 그 결과가 gmap.map에 저장된다. 이와 같은 과정을 거쳐 작성된 구글 지도는 단순히 변수 이름만 입력하면 그 결과가 그림 5.17과 같이 나타난다.

〉 gmap.map

그림과 같이 서울시가 표현된 구글 지도를 배경으로 대피소의 위치가 점 형태로 표현되며, 대피소의 최대수용인원 수치에 따라 점의 색상과 크기가 다르게 표현되고 있다.

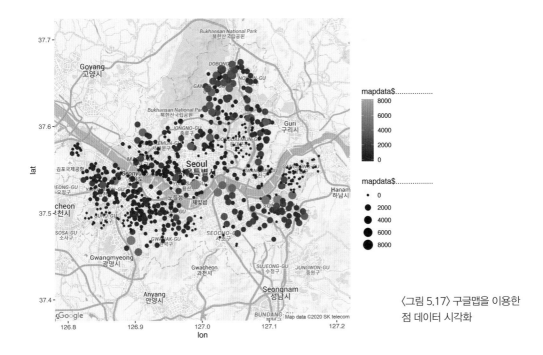

<그림 5.17> 구글맵을 이용한 점 데이터 시각화

구글 지도를 배경으로 폴리곤 데이터를 표현하는 경우는 점 데이터를 표현하는 경우보다 다소 복잡하다. 점 데이터의 경우 geom_point 함수의 매개변수 aes에서 각 객체별로 하나의 x와 y 좌표값만을 지정하면 되지만, 폴리곤 데이터의 경우 매개변수 aes에서 x와 y의 값이 각 폴리곤 객체의 대푯값을 지정하여야 하기 때문이다. 또한 점 데이터의 경우와 같이 단순히 data.frame 함수를 통해 공간 객체를 데이터프레임으로 변환할 수 없다. 하나의 폴리곤 데이터에는 경계선을 이루는 많은 좌표값들이 저장되어 있기 때문이다. 본 사례에서는 앞 절에서 작성한 서울시 행정구역을 나타낸 공간객체 admin을 구글 지도에 표현한다. 구체적인 절차는 다음과 같다.

① 배경으로 삼을 구글 지도를 가져온다. 이는 점 데이터의 경우와 동일하며, 서울시를 구글 지도를 가져오는 경우는 다음과 같다.

```
> gmap = get_map(location=c(lon = 127, lat = 37.55), zoom=11, maptype="roadmap")
```

② 공간 데이터를 데이터프레임으로 변환한다. 폴리곤 데이터의 경우 다음과 같이 fortify 함수를 이용하여 변환한다. 본 사례의 경우 fortify 함수에 의해 변환된 데이터를 admin.f 라는 변수에 저장하였다.

```
> admin.f = fortify(admin)
```

③ fortify 함수를 적용하면 기존의 공간 객체에서 가지고 있던 속성 정보가 사라진다. 따라서 공간 객체가 가지고 있던 속성 정보를 되살리기 위해서는 fortify 함수에 의해 사라진 데이터프레임에 공간 객체의 속성값을 결합하는 과정이 필요하다. 또한 이 과정에서 결합 대상 자료의 고유 번호가 필요하다. 따라서 다음과 같이 공간객체 admin의 속성 정보에 고유 번호인 id 항목을 작성하고 행 번호를 고유 번호로 저장한다. 여기서 공간객체 admin의 속성정보는 admin@data에 저장되며, 이 데이터에 id라는 항목을 새로 만들고, id의 값은 admin@data의 행 번호를 부여한다.

> admin@data$id <- rownames(admin@data)

④ merge 함수를 이용하여 ②에서 작성한 데이터프레임(admin.f)과 속성정보(admin@data)를 결합한다. 이때 ③에서 작성한 id 항목을 기준으로 결합한다. 따라서 merge 함수의 매개변수 by에는 "id"를 지정한다.

> admin.m = merge(admin.f, admin@data, by = "id")

⑤ 최종적으로 geom_polygon 함수를 통하여 공간 데이터를 표현하고 이를 ggmap 함수에 의한 구글 지도와 결합한다. geom_polygon 함수에서 매개변수 data는 지도로 표현할 데이터프레임 변수의 이름을 지정하며, 지도에 그려질 요소를 표현하는 매개변수 aes에는 x 좌표(x), y 좌표(y), 면의 색상(fill)을 지정한다. 서울시 행정구역 사례의 경우 ④에서 작성한 admin.m이 지도화 대상 자료이며, 이 데이터에는 fortify 결과에 의해 long, lat이라는 위치정보 항목이 담겨 있다. 또한 속성정보의 결합을 통하여 기존의 공간객체 admin에서 가지고 있던 pop2017 항목의 값이 보존되어 있으며, 이 항목을 매개변수 fill에 적용하였다. 따라서 다음과 같이 geom_polygon 함수를 작성하고 이를 구글 지도와 결합하였다.

> gmap.map = ggmap(gmap) + geom_polygon(data=admin.m, aes(x=long, y=lat, group=group, fill=pop2017), alpha=0.4)

여기서 매개변수 group을 적용하여야 서울시의 행정구역이 그룹화되어 나타난다. 또한 매개변수 alpha는 폴리곤 데이터의 투명도를 표현하는 것으로 0에 가까울수록 투명하며 1에 가까울수록 불투명하다. 이와 같은 과정을 거쳐 작성된 구글 지도는 단순히 변수 이름만 입력하면 그 결과가 그림 5.18과 같이 나타난다.

> gmap.map

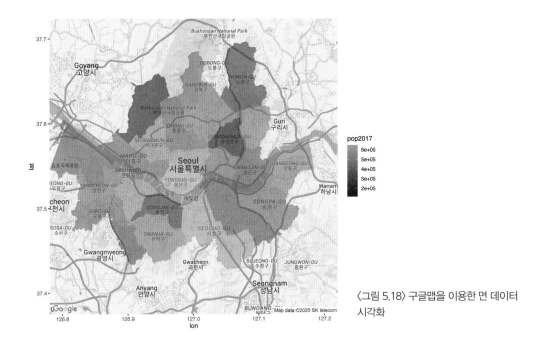

〈그림 5.18〉 구글맵을 이용한 면 데이터
시각화

5.5 R을 이용한 공간정보 시각화 실습

RStudio를 실행한다. 이 책과 함께 제공된 실습 파일(RSpatial.zip)을 컴퓨터의 C 드라이브에 "RSpatial"이라는 폴더로 압축을 해재한다. 그러면 "C:\RStapial" 폴더 아래의 "ch5" 폴더에 다음의 데이터를 확인한다. 실습 폴더에 있는 데이터는 다음과 같다.

admin.shp: 서울의 행정구 경계를 나타내는 폴리곤 레이어

shelter.shp: 서울시에 있는 대피소의 위치를 표현한 점 레이어

seoul.csv: 서울시의 구별 인구수를 나타낸 엑셀 데이터

5.5.1 시각화 실습을 위한 데이터 준비

외부 데이터를 불러 가져와야 하므로 다음 라이브러리를 실행한다. 만약 해당 라이브러리가 없다면 RStudio의 Tools | install Packages... 를 이용하여 패키지를 인스톨한 후 실행하면 된다. [만약, 설치시 "00LOCK" 관련 오류가 발생하면, 해당 경로에 가서 00LOCK 폴더를 삭제한 후 다시 설치하면 될 것이다.]

```
> library(rgdal)
```

```
〉 library(tmap)
〉 library(rgeos)
〉 library(classInt)
〉 library(RColorBrewer)
〉 library(ggmap)
```

다음과 같은 순서로 ch5 폴더에 있는 데이터를 불러온다.

```
〉 admin 〈- readOGR("c:/RSpatial/ch5", "admin") # Don't add the .shp extension
〉 shelt 〈- readOGR("c:/RSpatial/ch5", "shelter")
```

경로는 여러분들의 설치 경로에 맞게 수정해야 한다. 그리고 필드 이름에 한글이 있으면 오류가 발생하고 불러오기가 되지 않는다.

5.5.2 plot을 이용한 공간정보 시각화

먼저 서울시 구별 데이터를 화면에 시각화한다. 이때 폴리곤의 내부 색상은 초록색으로, 경계선의 색상은 빨강색으로 설정하고, 지도 외부에 좌표축이 나타나도록 설정한다.

```
〉 plot(admin, col="green", border="red", axes=TRUE)
```

서울시 구별 데이터 위에 대피소의 위치를 시각화한다. 이때 대피소 위치는 파란색으로, 모양은 삼각형으로, 크기는 0.5 포인트로 설정한다. 마지막으로 지도의 제목은 "서울시 대피소 위치"로 표현한다.

```
〉 plot(shelt, add = TRUE, col="blue", pch=2, cex=0.5)
〉 title("서울시 대피소 위치")
```

5.5.3 단계구분도 제작

실습 폴더에 있는 서울시 구별 인구 데이터(seoul.csv) 화일을 불러온다. 그리고 merge 함수를 이용하여 서울시 구별 데이터(admin)과 인구 데이터를 결합한다.

```
〉 pop = read.csv("c:/RSpatial/ch5/seoul.csv")
〉 admin = merge(admin, pop, by.x="SIG_CD", by.y="code")
```

서울시의 구별 면적을 구하기 위하여 WGS84 좌표계로 설정되어 있는 서울시 구별 데이터를 직각좌표계인 UTM-K로 변환한다. 변환된 데이터를 이용하여 "rgeos" 패키지에서 제공하는 gArea 함수를 적용하여 구별 면적을 계산한다. 서울시 구별 인구수를 구별 면적으로 나누어 인구밀도를 계산한다.

```
> utm_k = CRS("+proj=tmerc +lat_0=38 +lon_0=127.5 +k=0.9996 +x_0=1000000
+y_0=2000000 +ellps=GRS80 +units=m +no_defs")
> admin_utm = spTransform(admin, utm_k)
> admin_utm$area = gArea(admin_utm, byid=TRUE)
> admin_utm$popden = admin_utm$pop2017 / (admin_utm$area / 1000000)
```

단계구분도 제작을 위하여 서울시 구별 인구밀도를 계급 구분한다. 계급의 수는 5개로, 분류 방법은 Jenks의 자연분류법을 이용한다. 단계 구분도의 색상은 Brewer의 "OrRd" 팔레트를 이용한다. 마지막으로 spplot 함수를 이용하여 인구밀도 데이터를 단계구분도로 작성한다.

```
> brk = classIntervals(admin_utm@data$popden, n = 5, style = "jenks")
> pal = brewer.pal(5, "OrRd")
> spplot(admin_utm, "popden", col.regions=pal, at = brk$brks, main="서울시 구별 인구밀도")
```

이와 같은 단계구분도 제작은 주제도 전용 패키지인 tmap을 이용하면 더욱 간단히 수행할 수 있다. tmap 함수를 이용하면 다음의 한 줄의 프로그램만으로 위의 세 줄의 내용과 동일한 결과가 나타난다.

```
> tm_shape(admin_utm) + tm_polygons(col="popden", n = 5, title="서울시 구별 인구밀도",
style="jenks", palette = "OrRd")+tm_legend(outside = TRUE)
```

5.5.4 구글 맵을 이용한 공간정보 시각화

R 소프트웨어에서 구글 맵을 구현하기 위해서는 API 키를 발급받아야 한다. 구글 맵 플랫폼 홈페이지(https://cloud.google.com/maps-platform)에서 API 키를 발급받고 그 내용을 복사한다. R Studio에서 발급받은 API 키를 이용하여 구글 맵을 등록한다.

```
> library(ggmap)
```

```
> api_key="A****************************"
> register_google(key=api_key, write=TRUE)
```

R 소프트웨어에서 서울시 영역의 구글 맵을 불러온다. 경도 127도, 위도 37.55도를 중심으로 도로 지도를 불러온다.

```
> gmap = get_map(location=c(lon = 127, lat = 37.55), zoom=11, maptype="roadmap")
```

서울시 대피소 데이터를 데이터 프레임의 형태로 불러온 후, 이를 이용하여 구글 맵에 포인트 형태의 데이터로 출력한다. 이때 최대 수용인원을 표현하는 "maxn" 필드를 이용하여 점 데이터 심볼의 색상과 크기를 설정한다. 설정된 구글 맵을 화면에 출력한다.

```
> gmap.map = ggmap(gmap)+geom_point(data=mapdata, aes(x=long, y=lat,
colour=mapdata$maxn, size=mapdata$maxn), alpha=1)
> gmap.map
```

이번에는 서울시 구별 행정구역을 구글 맵에 출력한다. 폴리곤 형태의 구별 행정구역은 fortify 함수를 이용하여 데이터 프레임으로 변환한 후, 변환된 데이터 프레임에 원래 행정구역의 속성값을 결합한다. 이를 위해서는 변환된 데이터 프레임에 고유번호를 부여한 후, 이를기준으로 속성값을 결합한다.

```
> admin.f = fortify(admin)
> admin@data$id <- rownames(admin@data)
> admin.m = merge(admin.f, admin@data, by = "id")
```

속성값이 결합된 데이터를 구글 맵에 출력한다. 이때 속성값 중에서 인구수를 이용하여 단계구분도의 형태로 출력한다.

```
> gmap.map2 = ggmap(gmap) + geom_polygon(data=admin.m, aes(x=long, y=lat,
group=group, fill=pop2017), alpha=0.4)
> gmap.map2
```

6. 공간 연산

GIS에서 공간 연산이란 공간정보 데이터가 가지고 있는 위치정보와 공간적 관계를 이용하여 새로운 결과를 도출해내는 과정이다. 일반적으로 공간 연산에는 기하학적 측정, 공간 검색, 거리 연산, 중첩 연산 등으로 구성되어 있다. R 소프트웨어에서는 공간정보 데이터를 이용하여 간단한 공간 연산이 가능하다. R 소프트웨어에서 공간 연산을 수행하는 패키지 중에서 대표적인 것이 "RGEOS"이다. RGEOS 패키지는 GIS 표준에서 정의하고 있는 공간 연산 기능을 구현하고 있다. RGEOS 패키지는 다음과 같이 설치하여 사용할 수 있다.

```
> install.pacakges("rgeos")
> library(rgeos)
```

이번 장에서는 rgeos 패키지를 이용하여 공간정보를 연산하는 과정을 살펴보고자 한다.

6.1 기하학적 측정

공간정보는 공간상의 위치를 이용하여 모양과 크기를 표현하고 있기 때문에 이에 대한 측정은 GIS의 기본적인 공간 연산 과정이라 할 수 있다. 대표적인 기하학적 측정은 거리나 면적을 측정하는 것이다. rgeos 패키지에서 제공하는 기하학적 측정 함수는 다음과 같다.

① 거리 측정: 거리 측정은 두 점 사이의 직선거리를 측정하는 것이다. 즉 수학적으로 두 점간의 유클리드 거리를 측정한다. rgeos에서 거리를 측정하는 함수는 gDistance이다. 다음 사례와 같이 두 점을 공간객체로 정의하고, gDistance 함수를 이용하면 두 점간의 거리를 구할 수 있다.

```
> cs <- CRS("+proj=longlat +datum=WGS84") # 좌표계 정의
> pt1 <- data.frame(Longitude=126.955249, Latitude=37.602651)
> sp1 <- SpatialPoints(pt1, proj4string=cs)
> pt2 <- data.frame(Longitude=126.953509, Latitude=37.460503)
> sp2 <- SpatialPoints(pt2, proj4string=cs)
> gDistance(sp1, sp2)
```

```
## [1] 0.1421586
```

지금의 사례에서 두 점은 WGS 1984 좌표계를 사용하고 있기 때문에 거리의 계산 결과 역시 도 단위로 계산되어 실제 거리를 측정하였다고 할 수는 없다. 따라서 다음과 같이 직각좌표계(utm-k) 로 변환하여 거리를 계산하여야 한다.

```
> cs2 = CRS("+proj=tmerc +lat_0=38 +lon_0=127.5 +k=0.9996 +x_0=1000000
+y_0=2000000 +ellps=GRS80 +units=m")
> sp1_tm = spTransform(sp1, cs2)
> sp2_tm = spTransform(sp2, cs2)
> gDistance(sp1_tm, sp2_tm)
## [1] 15771.56
```

② 다각형의 면적과 둘레 측정: 면적을 가지고 있는 다각형의 면적과 둘레를 측정한다. 다각형을 이루는 꼭지점의 좌표값을 이용하여 면적과 둘레를 계산할 수 있다. 다각형 형태의 공간객체는 다음 사례와 같이 직각좌표계를 가진 다각형에서 면적과 둘레를 측정할 수 있다.

```
# 행정구역 데이터 불러오기
> admin = readOGR(dsn=".", layer="admin")
> cs = CRS("+proj=longlat +datum=WGS84")
> proj4string(admin) = cs
#직각좌표계 변환
> utm_k = CRS("+proj=tmerc +lat_0=38 +lon_0=127.5 +k=0.9996 +x_0=1000000
+y_0=2000000 +ellps=GRS80 +units=m +no_defs")
> admin_utm = spTransform(admin, utm_k)
#면적 측정
> gArea(admin_utm)
## [1] 605242462
```

여기서 계산된 면적은 서울시 행정구역의 전체 면적을 나타낸다. 서울시의 구별 면적을 구하고 싶으면 gArea 함수에서 byid 매개변수를 "TRUE"로 설정한다. 그러면 공간정보를 구성하고 있는 각 다각형별로 면적을 표현할 수 있다.

```
> gArea(admin_utm,byid=TRUE)
```

```
##        0        1        2        3        4        5        6        7
## 20644933 29771985 14235195 16377398 13005658 20074710 23972120 23606929
##        8        9       10       11       12       13       14       15
## 18536668 39493012 41421546  9962561 24543188 17018670 23662725 29552142
##       16       17       18       19       20       21       22       23
## 46854377 24592431 35625692 33824382 16800710 17744985 17399232 24624532
##       24
## 21896678
```

다각형 둘레의 측정은 gLength 함수를 이용한다. 이 경우에도 byid를 TRUE로 설정하면 각 다각형별로 둘레가 계산된다.

```
〉 gLength(admin_utm)
## [1] 672698.1
〉 gLength(admin_utm, byid=TRUE)
##        0        1        2        3        4        5        6        7
## 24462.21 32454.76 18139.94 23073.27 20851.23 34128.96 28383.19 26509.23
##        8        9       10       11       12       13       14       15
## 18386.02 34245.08 42700.76 18323.45 23810.91 18499.39 27470.73 27248.64
##       16       17       18       19       20       21       22       23
## 43734.28 31175.69 30837.65 30866.52 18858.79 22565.38 29222.14 25865.46
##       24
## 20884.45
```

각 다각형별로 계산된 면적과 둘레를 속성정보에 적용하기 위해서는 공간객체명과 "$"의 뒤에 계산 결과가 저장될 필드명을 붙여 수식을 완성한다. 연습 데이터의 경우 다음과 같이 입력하면 면적과 둘레의 계산 결과가 각각 속성정보의 area, perimeter 필드에 저장된다.

```
〉 admin_utm$area = gArea(admin_utm, byid=TRUE)
〉 admin_utm$perimeter = gLength(admin_utm, byid=TRUE)
```

6.2 공간관계 연산

공간 객체는 공간을 점유하고 있기 때문에 서로 다른 객체 간에는 공간적 관계가 존재한다. 공간 객체는 위치에 따라 다른 객체와 공간적 관계를 맺게 되며, 이러한 공간적 관계는 공간정보의 기본적인 연산이라 할 수 있다. 공간관계 연산의 종류는 그림 6.1과 같이 Within, Touches, Crosses, Overlaps, Contains, Covers, CoveredBy 등이 있다. Within은 공간상의 포함관계를 표현하는 것으로 그림에서 a가 b에 포함되는 관계이다. 반대로 Contains의 경우에는 a가 b를 포함하는 관계이다. Covers 연산은 모든 b가 a에 포함되는 경우를 표현하는 관계이며, Covered By는 그 반대의 경우이다. Touches 연산은 두 객체 사이에 접하는 선이나 점이 존재하는 관계이며, Crosses 연산은 두 객체가 서로 가로질러 지나갈 때의 관계이다. Overlaps 연산은 하나의 객체가 다른 객체를 겹칠 때의 관계이다.

R 소프트웨어에서 제공하는 rgeos 패키지에서는 이러한 공간관계를 함수로 제공하고 있다. 각 함수의 이름은 공간관계 앞에 "g" 부호를 붙여 수행된다. 즉, gContains, gWithin, gCovers, gCoveredBy, gTouches, gCrosses, gOverlaps 등으로 표현된다. 공간관계를 나타내는 함수에는 공간관계를 비교할 두 공간 객체가 필요하며, 두 공간 객체간의 공간 관계가 성립할 경우에는 참(TRUE), 그렇지 않을 경우는 거짓(FALSE)으로 나타난다.

연습 데이터에서 서울시 행정구역(admin)에서 종로구와 중구만 추출하여 둘레길(dule)과의 공

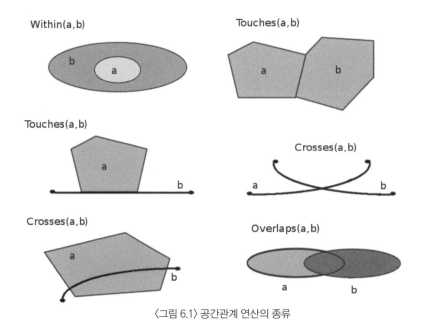

〈그림 6.1〉 공간관계 연산의 종류

간 관계를 파악해보자. 먼저 여러 구로 구성되어 있는 서울시 행정구역 데이터로부터 종로구만 추출하기 위해서는 다음과 같은 subset 함수를 이용한다. subset 함수를 이용하여 서울시 행정구역(admin)에서 시군구 코드가 "11110"인 지역만 추출하여 jongro라는 공간객체로 저장한다. 마찬가지로 시군구코드가 "11140"인 지역을 추출하여 중구(jung) 객체를 저장한다.

```
> jongro = subset(admin, SIG_CD=="11110")
> jung = subset(admin, SIG_CD=="11140")
```

서울시 행정구역으로부터 추출한 종로구를 그림으로 확인하기 위하여 plot 함수를 이용하였으며, 아울러 둘레길(dule)을 함께 지도로 표현한 결과는 그림 6.2와 같다.

```
> dule = readOGR (dsn = ".", layer = "dule")
> plot(jongro)
> plot(dule, col=4, add=TRUE)
```

그림 6.2(a)에서 검은색 선의 종로구 행정구역과 파란색 선의 둘레길이 표현되어 있다. 그림 6.3(b)는 검은색 선의 중구 행정구역과 둘레길을 표현한 것이다. 이들 공간객체간의 공간 관계를 파악한 사례는 다음과 같다.

공간적 포함관계를 파악하는 Within의 경우 다음과 같이 표현한다. gWithin 함수에서 매개변수로 공간관계를 파악할 공간객체(jongro)와 비교할 공간 객체(dule)를 부여한다. 이들 데이터는 그

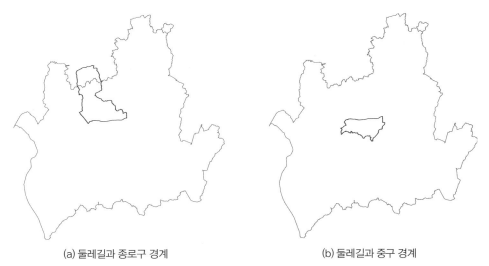

(a) 둘레길과 종로구 경계   (b) 둘레길과 중구 경계

〈그림 6.2〉 공간관계 연산을 위한 사례 데이터

림과 같이 종로구와 둘레길 간에 포함관계가 성립하지 않는다. 따라서 다음과 같이 gWithin 함수를 적용하면 거짓(FALSE)의 결과가 나타난다.

```
> gWithin(jongro, dule)
## [1] FALSE
```

완전한 포함관계를 나타내는 Covers의 경우에도 두 객체간에는 공간관계가 성립하지 않는다. 따라서 gCovers 함수의 적용결과는 거짓(FALSE)으로 나타난다.

```
> gCovers(jongro, dule)
## [1] FALSE
```

공간 객체간의 접점이나 접선 여부를 나타내는 Touches의 경우에도 두 객체간에는 공간관계가 성립하지 않는다. 따라서 gTouches 함수의 적용결과는 거짓(FALSE)으로 나타난다.

```
> gTouches(jongro, dule)
## [1] FALSE
```

공간 객체간의 교차 여부를 나타내는 Crosses의 경우에는 위의 왼쪽 그림과 같이 두 객체가 서로 교차하고 있으므로 공간관계가 성립한다. 따라서 gCrosses 함수의 적용결과는 참(TRUE)으로 나타난다.

```
> gCrosses(jongro, dule)
## [1] TRUE
```

공간 객체를 중구와 둘레길로 비교할 경우 위의 오른쪽 그림과 같이 두 객체는 교차하지 않고 있기 때문에 공간관계가 성립하지 않는다. 따라서 gCrosses 함수의 적용결과는 거짓(FALSE)으로 나타난다.

```
> gCrosses(jung, dule)
## [1] FALSE
```

위의 사례와 같이 공간관계를 비교할 공간객체가 하나의 사상만 가지고 있을 경우에는 공간관계의 결과가 참 또는 거짓으로 나타난다. 공간관계를 비교할 공간 객체가 여러 개의 사상일 경우에는 각 공간사상별로 공간관계의 비교하여야 한다. 이러한 경우에는 공간관계 함수의 매개변수로 byid를 추가한다. 다음의 사례는 서울시 대피소(shelt) 중에서 종로구에 포함되는 대피소를 공간관계로 파악하는 과정이다. 서울시 대피소 중에서 종로구에 포함되는 대피소는 참(TRUE)로 표현되며, 포함되지 않는 대피소는 거짓(FALSE)로 표현된다. 공간객체의 사상별로 공간관계를 비교할 경우에는 그 결과 역시 하나의 값이 아니라 공간 사상별로 결과가 나타난다. 따라서 다음과 같이 공간 객체의 속성정보에 공간관계의 비교결과를 저장한다.

```
) shelt = readOGR (dsn = ".", layer = "shelter")
) shelt$jongro <- gContains(jongro, shelt, byid=TRUE)
```

그 결과 서울시 대피소의 속성정보에 "jongro"라는 항목이 추가되며, 그 내용은 각 대피소가 종로구에 포함되면 참(TRUE), 그렇지 않으면 거짓(FALSE)으로 저장된다. 이를 plot 함수를 이용하여 그림으로 표현하면 그림 6.3(a)와 같다.

```
) shelt$jj = as.numeric(shelt$jongro)
) plot(shelt, col=shelt$jj+3)
) plot(jongro, add=TRUE)
```

그림과 같이 종로구에 포함되어 jongro 항목의 값이 참으로 나타나는 대피소는 파란색, 종로구에 포함되지 않아 항목의 값이 거짓으로 나타나는 대피소는 녹색으로 표현되었다. 이 중에서 대피소의 속성정보에서 "jongro" 항목이 참(TRUE)인 대피소만 추출하는 과정은 아래와 같다.

```
) shelt_j = subset(shelt, jj==1)
) plot(jongro, axes=TRUE)
```

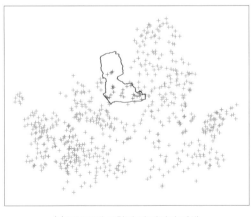

(a) 종로구에 포함된 점 데이터 검색

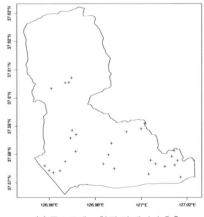

(b) 종로구에 포함된 점 데이터 추출

〈그림 6.3〉 공간 관계(포함)을 이용한 데이터 검색 및 추출

```
) plot(shelt_j, add=TRUE)
```

종로구에 포함되는 대피소(shelt_j)만 지도로 표현된 결과는 그림 6.3(b)와 같다. 그림과 같이 공간관계를 이용하여 종로구에 포함된 대피소만을 추출하여 공간객체로 저장할 수 있다.

6.3 거리 분석

공간정보는 공간상의 위치를 가지고 있기 때문에 위치를 이용한 공간분석이 가능하다. GIS에서 대표적인 공간분석이 거리 분석이다. 거리 분석이란 공간상의 접근성을 분석하는 것으로 특정 사상과의 거리를 표현한다. 일반적인 GIS 소프트웨어에서는 거리 분석 기능을 기본적으로 제공하고 있다. R 소프트웨어에서는 rgeos 패키지를 이용하여 이러한 공간분석 기능을 수행할 수 있다.

벡터 형태의 공간정보를 이용한 대표적인 거리 분석 기능이 버퍼 분석이다. 버퍼 분석이란 특정 공간 데이터를 중심으로 특정 거리 내의 공간을 표현하는 기법으로, 일반적으로 점, 선, 면으로 구성된 공간 데이터로부터 일정 기리의 버퍼 존을 형성하는 기법이다. 공간정보 데이터로부터 버퍼 분석이 수행되기 위해서는 먼저 공간 데이터의 좌표값이 거리를 계산할 수 있는 직각좌표계이어야 한다. WGS 1984와 같은 경위도 좌표체계에서는 좌표값의 단위가 각도단위이기 때문에 수학적으로 피타고라스의 정리를 이용한 거리를 계산할 수 없다. 따라서 앞 절에서 나타난 것처럼 spTransform 함수를 이용하여 좌표체계를 직각좌표계로 변환하여야 한다. 서울시 열린 데이터 광장으로부터 다운로드 받은 사례 자료의 경우 WGS 1984 좌표계를 가지고 있기 때문에 다음과 같이 좌표변환을 통하여 직각좌표계인 UTM-K로 변환한다. 이러한 과정을 거쳐, 직각좌표계를 가진 공간객체인 대피소(shelt_utm), 둘레길(dule_utm), 구별 행정구역(admin_utm)를 각각 생성한다.

```
) cs2 = CRS("+proj=tmerc +lat_0=38 +lon_0=127.5 +k=0.9996 +x_0=1000000
+y_0=2000000 +ellps=GRS80 +units=m")
) shelt_utm = spTransform(shelt, cs2)
) dule_utm = spTransform(dule,cs2)
) admin_utm = spTransform(admin,cs2)
```

R 소프트웨어에서 제공하는 rgeos 패키지에서 버퍼 분석을 수행하는 함수는 gBuffer이다. 버퍼 분석을 통하여 생성된 버퍼 데이터는 sp 패키지에서 제공하는 SpatialPolygons 형태의 공간 객체로 저장된다. gBuffer의 매개변수로 버퍼 분석의 대상이 되는 공간 객체와 버퍼 거리를 부여한다.

버퍼 거리는 매개변수 width의 값으로 부여하며, 좌표체계에서 정의한 단위로 부여한다. 공간사례 데이터의 경우 UTM-K 좌표체계는 미터(m) 단위를 사용하고 있기 때문에 width의 값 역시 미터 단위로 부여한다. 직각좌표계의 대피소(shelt_utm)으로부터 500m 지역을 버퍼 분석하여 그 결과 (shelt_buf)를 생성하는 경우는 다음과 같다.

```
> shelt_buf = gBuffer(shelt_utm, width=500)
> plot(shelt_buf, axes=T)
> plot(shelt_utm, col=3, add=T)
```

이를 지도로 나타내면 그림 6.4(a)와 같다. 그림과 같이 대피소의 위치와 버퍼 분석의 결과를 함께 표현하는 코드는 아래와 같다. 그림에서 대피소의 위치가 인접하여 500m 버퍼 지역이 서로 겹치는 경우에는 하나의 버퍼로 합쳐져서 나타난다.

그림 6.4(b)와 같이 대피소의 위치가 인접하여 버퍼 지역이 겹치더라도 각 공간사상별로 별도의 버퍼 존을 생성할 수 있다. 이러한 경우 아래의 코드와 같이 gBuffer의 매개변수로 byid의 값을 참 (TRUE)으로 부여한다. 그러면 각 공간 사상별로 별도의 버퍼 존을 생성할 수 있다. 대피소 데이터 로부터 공간 사상별로 버퍼 존을 생성한 결과는 오른쪽 그림과 같다.

```
> shelt_buf2 = gBuffer(shelt_utm, width=500, byid=T)
> plot(shelt_buf2, axes=T)
> plot(shelt_utm, col=3, add=T)
```

점 데이터의 경우와 마찬가지로 선 데이터와 면 데이터의 경우에도 버퍼 분석을 할 수 있다. 다음

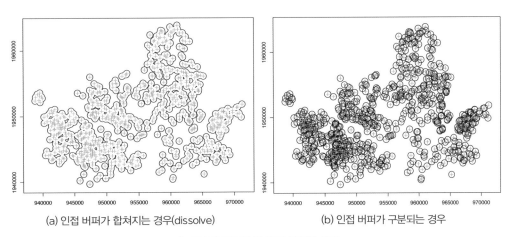

(a) 인접 버퍼가 합쳐지는 경우(dissolve)　　　　(b) 인접 버퍼가 구분되는 경우

〈그림 6.4〉 점 데이터 버퍼 분석의 사례

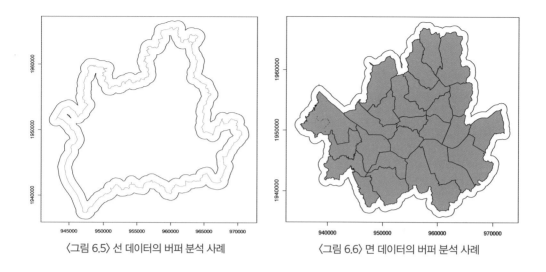

| 〈그림 6.5〉 선 데이터의 버퍼 분석 사례 | 〈그림 6.6〉 면 데이터의 버퍼 분석 사례 |

의 코드는 선 데이터인 둘레길(dule_utm)을 대상으로 1000m의 버퍼 존을 생성하는 것이다. 버퍼 존의 생성 결과는 그림 6.5와 같다.

```
) dule_buf = gBuffer(dule_utm, width=1000)
) plot(dule_buf, axes=T)
) plot(dule_utm, col=3, add=T)
```

면 데이터의 경우에는 다각형의 외부 방향으로 버퍼 지역이 형성된다. 다음의 코드는 면 데이터인 구별 행정구역(admin_utm)을 대상으로 1000m의 버퍼 존을 생성하는 것이다. 버퍼 존의 생성 결과는 그림 6.6과 같다. 그림과 같이 면 데이터의 외부에 1000m의 버퍼 존이 형성된다.

```
) admin_buf = gBuffer(admin_utm, width=1000)
) plot(admin_buf, axes=T)
) plot(admin_utm, col=3, add=T)
```

6.4 중첩 분석

중첩 분석이란 GIS 공간 연산에서 가장 많이 사용하는 기법으로 공간 상에서 같은 위치를 점유하는 공간 사상 사이의 관계를 분석하는 것이다. 지도 중첩은 서로 다른 종류의 공간정보가 같은 위치를 점유함에 따라 발생하는 공간적 관계를 분석하는 것이다. 일반적인 GIS 소프트웨어에서는 이러한 중첩 분석 기능을 기본적으로 제공하고 있다.

R 소프트웨어에서는 rgeos 패키지를 이용하여 중첩 분석이 가능하다. 중첩의 종류는 GIS 분석과 정과 유사하게 교집합 연산(intersection), 합집합 연산(union), 차집합 연산(difference) 등이 있으며, rgeos 패키지에서는 이를 각각 gIntersection, gUnion, gDifference 함수로 구현한다. 중첩 분석의 결과는 sp 패키지에서 제공하는 SpatialPolygons 행태의 공간 객체로 저장된다.

연습 데이터를 이용하여 공간 중첩을 구현하기 위하여 앞에서 생성한 대피소 버퍼 데이터(shelt_buf)와 둘레길 버퍼 데이터(dule_buf)를 이용한다. 그림 6.7은 대피소 버퍼 데이터와 둘레길 버퍼 데이터를 함께 지도로 표현한 것이다. 이 그림은 plot 함수로 표현하였으며, 두 데이터를 구분하기 위하여 둘레길 버퍼 데이터는 연한 청색으로 표현하였다.

```
> plot(dule_buf, col=5)
> plot(shelt_buf, add=T)
```

두 데이터를 교집합 연산하는 함수는 gIntersection이다. 다음 코드는 gIntersection 함수를 이용하여 두 데이터를 교집합 연산한 결과이다. 연산 결과를 그림으로 표현하면 그림 6.8과 같다. 그림과 같이 원래의 대피소 버퍼와 둘레길 버퍼가 모두 겹치는 지역만 추출되어 결과 데이터로 생성된다.

```
> s_d_intersect = gIntersection(shelt_buf, dule_buf)
> plot(s_d_intersect, col=5)
```

두 데이터를 합집합 연산하는 함수는 gUnion이다. 다음 코드는 gUnion 함수를 이용하여 두 데이

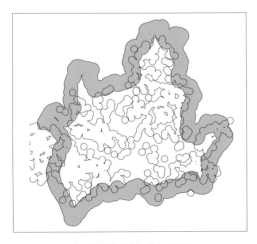

〈그림 6.7〉 중첩 대상 데이터

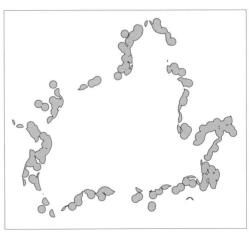

〈그림 6.8〉 교집합 연산 결과

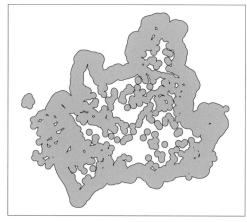
〈그림 6.9〉 합집합 연산결과

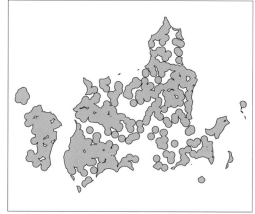
〈그림 6.10〉 차집합 연산 결과

터를 합집합 연산한 결과이다. 연산 결과를 그림으로 표현하면 그림 6.9와 같다. 그림과 같이 원래의 대피소 버퍼와 둘레길 버퍼가 모두 합쳐져서 결과 데이터로 생성된다.

```
〉s_d_union = gUnion(shelt_buf, dule_buf)
〉plot(s_d_union, col=5)
```

두 데이터를 차집합 연산하는 함수는 gDifference이다. 다음 코드는 gDifference 함수를 이용하여 두 데이터를 차집합 연산한 결과이다. 연산 결과를 그림으로 표현하면 그림 6.10과 같다. 그림과 같이 원래의 대피소 버퍼 데이터 중에서 둘레길 버퍼가 겹쳐지는 지역이 제외된 나머지 지역이 결과 데이터로 생성된다.

```
〉s_d_diff = gDifference(shelt_buf, dule_buf)
〉plot(s_d_diff, col=5)
```

6.5 기타 공간 연산

그밖에도 R 소프트웨어의 rgeos 패키지에서는 공간 정보의 기하학적 특성을 이용한 다양한 공간 연산 기능을 제공하고 있다. 공간 데이터의 기하학적 특성을 분석하는 대표적인 기능이 다각형의 중심점 생성 기능이다. 다각형 형태의 공간 데이터로부터 중심점을 파악하는 기능으로, 여기서 중심점(centroid)이란 한 지점으로부터 다각형의 모든 꼭지점까지의 거리가 최소가 되는 지점을 뜻한다. rgeos 패키지에서는 gCentroid 함수를 이용하여 다각형의 중심점을 구할 수 있다. 다음 코드와 같이 gCentroid의 매개변수로 다각형 공간객체를 지정하면 중심점을 구할 수 있다. 연습 데이터의 경우 서울시 구별 행정구역(admin_utm)으로부터 중심점을 구할 수 있다. 여기서 매개변수 byid을 지정하지 않을 경우에는 서울시 전체의 중심점 하나만 구하게 되며, byid의 값을 참(TRUE)로 지정할 경우에는 각 구별 중심점을 구할 수 있다. 아래의 코드를 이용하여 서울시 구별 중심점을 행정구역과 함께 표현한 결과는 그림 6.11과 같다.

```
> cen = gCentroid(admin_utm, byid=T)
> plot(admin_utm)
> plot(cen, cen=T, add=T)
```

공간 데이터의 기하학적 분석의 다른 사례는 컨벡스 헐(Convex Hull) 생성 기능이다. 컨벡스 헐이란 점 데이터로 구성된 데이터로부터 모든 점들이 포함되는 다각형을 생성할 때, 최소한의 점만을 이용하여 다각형을 생성하는 것이다. 즉 모든 점 데이터를 포함하는 가장 간단한 다각형을 생성하는 기능이다. rgeos 패키지에서 컨벡스 헐을 생성하는 함수는 gConvexHull이다. 다음 코드와 같이 점 데이터인 대피소(shelt_utm)로부터 이들을 모두 포함하는 컨벡스 헐을 생성한 결과는 그림 6.12와 같다.

```
> conv = gConvexHull(shelt_utm)
> plot(conv)
> plot(shelt_utm, add=T, col=3)
```

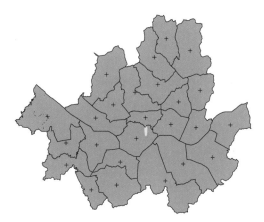

〈그림 6.11〉 중심점 생성 결과

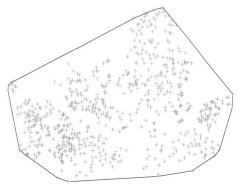

〈그림 6.12〉 컨벡스 헐 연산 결과

이와 같이 R 소프트웨어에서는 rgeos와 같은 여러 패키지를 통하여 공간정보를 분석하고 표현할 수 있다. 이와 같은 공간 분석은 QGIS나 ArcGIS와 같은 GIS 전문 소프트웨어에 비해서는 사용 방법도 복잡하고, 분석 기능 역시 한정되어 있다. 그러나 R 소프트웨어는 확장성과 호환성이라는 특징을 가지고 있기 때문에 공간정보의 분석과 처리 기능 역시 향후 지속적으로 발달될 가능성을 가지고 있다. 특히 R 소프트웨어는 통계 처리와 빅데이터의 분석에서 강력한 기능을 가지고 있기 때문에 공간 데이터를 이들 기능과 연계하여 활용할 경우 공간 빅 데이터 분석이나 머신 러닝 측면에서 GIS 분야에서 강력하고 다양한 기능을 이용할 수 있을 것이다.

6.6 R을 이용한 공간 연산 실습

RStudio를 실행한다. 이 책과 함께 제공된 실습 파일(RSpatial.zip)을 컴퓨터의 C 드라이브에 "RSpatial"이라는 폴더로 압축을 해재한다. "C:\RStapial" 폴더 아래의 "ch6" 폴더에 다음의 데이터를 확인한다. 실습 폴더에 있는 데이터는 다음과 같다.

admin.shp: 서울의 행정구 경계를 나타내는 폴리곤 레이어

shelter.shp: 서울시에 있는 대피소의 위치를 표현한 점 레이어

dule.shp: 서울시 둘레길의 위치를 표현한 선 레이어

6.6.1 공간 연산 실습 준비

외부 데이터를 불러 가져와야 하므로 다음 라이브러리를 실행한다. 만약 해당 라이브러리가 없다면 RStudio의 Tools | install Packages... 를 이용하여 패키지를 인스톨한 후 실행하면 된다. [만약, 설치시 "00LOCK" 관련 오류가 발생하면, 해당 경로에 가서 00LOCK 폴더를 삭제한 후 다시 설치하면 될 것이다.]

```
> library(rgeos)
```

다음과 같은 순서로 ch6 폴더에 있는 데이터를 불러온다.

```
> admin <- readOGR("c:/RSpatial/ch6", "admin") # Don't add the .shp extension
> shelt <- readOGR("c:/RSpatial/ch6", "shelter")
> dule <- readOGR("c:/RSpatial/ch6", "dule")
```

경로는 여러분들의 설치 경로에 맞게 수정해야 한다. 그리고 필드 이름에 한글이 있으면 오류가 발생하고 불러오기가 되지 않는다.

6.6.2 기하학적 측정 실습

서울시 구별 행정구역 데이터의 면적과 둘레를 측정한다. rgeos 패키지에서 제공하는 gArea와 gLength 함수를 이용하면 면적과 둘레를 알 수 있다.

```
) gArea(admin)
## [1] 0.06175933
) gLength(admin)
## [1] 6.842291
```

서울시 구별 행정구역 데이터는 WGS84 좌표체계로 되어 있기 때문에 면적과 둘레의 계산 결과 역시 각도 단위로 나타난다. 따라서 실제 면적과 둘레와는 차이가 있다. 따라서 좌표변환을 통하여 서울시 구별 행정구역 데이터를 투영좌표계인 UTM-K로 변환한 후 둘레와 면적을 계산한다.

```
) utm_k = CRS("+proj=tmerc +lat_0=38 +lon_0=127.5 +k=0.9996 +x_0=1000000
    +y_0=2000000 +ellps=GRS80 +units=m +no_defs")
) admin_utm = spTransform(admin, utm_k)
) gArea(admin_utm)
## [1] 605242462
) gLength(admin_utm)
## [1] 672698.1
```

위에서 계산된 수치는 서울시 전체의 면적과 둘레를 나타낸 것이다. 서울시의 구별 면적과 둘레를 표현하기 위해서는 byid 매개변수를 설정한다.

```
) gArea(admin_utm,byid=TRUE)
##        0        1        2        3        4        5        6        7
## 20644933 29771985 14235195 16377398 13005658 20074710 23972120 23606929
##        8        9       10       11       12       13       14       15
## 18536668 39493012 41421546 9962561 24543188 17018670 23662725 29552142
##       16       17       18       19       20       21       22       23
```

```
## 46854377 24592431 35625692 33824382 16800710 17744985 17399232 24624532
##      24
## 21896678
> gLength(admin_utm, byid=TRUE)
##      0        1        2        3        4        5        6        7
## 24462.21 32454.76 18139.94 23073.27 20851.23 34128.96 28383.19 26509.23
##      8        9       10       11       12       13       14       15
## 18386.02 34245.08 42700.76 18323.45 23810.91 18499.39 27470.73 27248.64
##     16       17       18       19       20       21       22       23
## 43734.28 31175.69 30837.65 30866.52 18858.79 22565.38 29222.14 25865.46
##     24
## 20884.45
```

6.6.3 공간 관계 연산 실습

공간 관계 중에서 공간 포함 관계를 실습하기 위하여 서울시의 종로구 행정구역과 대피소 위치 데이터를 이용한다. 종로구 행정구역은 서울시 구별 행정구역에서 종로구만 부분집합으로 추출한 것이며, 대피소 위치 데이터는 서울시 전체에 분포한 대피소의 위치를 담고 있다. 먼저 subset 함수를 이용하여 종로구 행정구역 데이터를 추출한다.

```
> jongro = subset(admin, SIG_CD=="11110")
```

추출한 종로구 행정구역 안에 위치하는 대피소를 찾기 위하여 gContains 함수를 이용한다. 이때 매개변수 byid를 이용하면 각 대피소 별로 종로구에 포함되는지 여부를 속성정보에 포함할 수 있다. 각 대피소가 종로구에 포함되는지 여부를 표현한 속성정보를 숫자 데이터로 변환한 후 지도로 표현한다.

```
> shelt$jongro <- gContains(jongro, shelt, byid=TRUE)
> shelt$jj = as.numeric(shelt$jongro)
> plot(shelt, col=shelt$jj+3)
> plot(jongro, add=TRUE)
```

또한 종로구에 포함되는 대피소 데이터를 추출할 수도 있다. subset 함수를 이용하여 종로구에 포함 여부가 "참"인 데이터를 추출한다. 추출된 데이터를 지도로 표현한다.

```
> shelt_j = subset(shelt, jj==1)
> plot(jongro, axes=TRUE)
> plot(shelt_j, add=TRUE)
```

6.6.4 거리 분석과 중첩 분석 실습

거리 분석을 실습하기 위하여 서울시의 대피소 위치와 둘레길 데이터를 이용한다. 거리를 분석하기 위해서는 거리 단위가 미터인 투영좌표체계의 데이터가 필요하다. 따라서 좌표 변환 코드를 이용하여 대피소 위치와 둘레길 데이터의 좌표체계를 UTM-K로 변환한다.

```
> utm_k = CRS("+proj=tmerc +lat_0=38 +lon_0=127.5 +k=0.9996 +x_0=1000000
+y_0=2000000 +ellps=GRS80 +units=m")
> shelt_utm = spTransform(shelt, utm_k)
> dule_utm = spTransform(dule,utm_k)
```

대표적인 거리 분석 연산인 버퍼를 수행한다. 대피소의 경우는 버퍼 거리를 500m, 둘레길의 경우는 버퍼거리를 1000m로 설정하고 gBuffer 함수를 이용하여 버퍼 연산을 수행한다. 수행된 결과를 화면에 출력한다.

```
> shelt_buf = gBuffer(shelt_utm, width=500)
> dule_buf = gBuffer(dule_utm, width=1000)
> plot(dule_buf, col=5)
> plot(shelt_buf, add=T)
```

버퍼 연산에 의해 생성된 두 개의 데이터를 대상으로 공간 중첩 연산을 수행한다. 먼저 교집합(intersection) 연산을 수행하고 그 결과를 화면에 출력한다.

```
> s_d_intersect = gIntersection(shelt_buf, dule_buf)
> plot(s_d_intersect, col=5)
```

같은 방법으로 합집합(union) 연산을 수행하고 그 결과를 화면에 출력한다.

```
> s_d_union = gUnion(shelt_buf, dule_buf)
> plot(s_d_union, col=5)
```

마지막으로 차집합(difference) 연산을 수행하고 그 결과를 화면에 출력한다.

```
⟩ s_d_diff = gDifference(shelt_buf, dule_buf)
⟩ plot(s_d_diff, col=5)
```

6.6.5 기타 공간 연산 실습

그밖에 공간 연산 중에서 중심점 생성 기능을 실습한다. 앞서 작성한 UTM-K 좌표계의 서울시 구별 행정구역 데이터를 이용하여 각 구별 중심점을 생성한다. 각 구마다 중심점이 생성되어야 하기 때문에 byid 파라미터를 이용한다. 생성된 중심점을 서울시 행정구역과 함께 출력한다.

```
⟩ cen = gCentroid(admin_utm, byid=T)
⟩ plot(admin_utm)
⟩ plot(cen, cen=T, add=T)
```

이번에는 컨벡스 헐(convex hull)을 생성한다. 앞서 작성한 UTM-K 좌표계의 대피소 위치 데이터를 이용하여 전체 대피소를 포괄하는 최소한의 다각형인 컨벡스 헐을 생성한다. 생성된 컨벡스 헐을 대피소 위치와 함께 출력한다.

```
⟩ conv = gConvexHull(shelt_utm)
⟩ plot(conv)
⟩ plot(shelt_utm, add=T, col=3)
```

공간통계 분석

III

R

7. 점 패턴 분석

공간데이터의 가장 단순한 구조는 2차원 평면상에 하나의 좌표(x, y)로 구성되는 점 데이터이다. 공간정보는 대부분이 수집과정에서 취득의 용이성 때문에 점 데이터로 수집되고 있어, 유통되는 공간데이터의 상당 부분이 점 데이터라고 해도 과언이 아니다.

이러한 점 데이터로부터 공간정보를 추출하는 방법은 점 패턴을 확인하는 것이다. 군집이나 규칙적 분산 등 특정 점 패턴이 확인된다면 그 이유에 대한 조사나 추가 분석의 근거가 된다. 점 패턴 분석은 점 패턴 요약, 밀도기반 패턴 분석, 거리기반 패턴 분석으로 구분할 수 있다.

7.1 점 패턴 요약

점 패턴을 요약하여 설명하기 위해 사용되는 통계적 도구는 공간평균(Spatial mean), 공간중심(Spatial median), 표준거리(Standard distance), 표준편차타원(Standard deviational ellipse)이 있다.

공간평균은 점의 집합 {(x₁,y₁), (x₂,y₂), (x₃,y₃), ...}에 대하여 각 좌표의 x 값들의 평균과 y 값들의 평균으로 구해진다(식 7.1). 즉, x 값들의 중심값과 y 값들의 중심값으로 전체 좌표의 중심을 표현하는 것이다.

$$\bar{s} = \left(\frac{\sum\limits_{j=1}^{n} x_i}{n}, \ \frac{\sum\limits_{j=1}^{n} y_i}{n} \right)$$

식 7.1

공간중심은 주어진 점들에서 거리의 합이 최소가 되는 점이다(식 7.2). 식 7.2에서 알 수 있듯이 공간중심은 주어진 점들의 좌표값으로 한 번에 계산되는 값이 아니며 초기 값을 바탕으로 계산을 반복 수행하여 최소 거리에 가까운 공간중심(m_x, m_y) 위치를 선정하게 된다. 반복 연산을 멈추게 하는 임계치로는 반복횟수를 초기에 설정하거나, 새로운 공간중심과 직전 공간중심의 최소차이를 설정할 수 있다. 식 7.2에 입력되는 초기 중심값은 공간평균값으로 입력한다.

$$(m_x, m_y) = Min[\sqrt{(x_i - m_x)^2 + (y_i - m_y)^2}]$$

식 7.2

이와 같이 공간중심은 공간평균과 다르다. 즉 공간평균이 주어진 모든 점에서 최소거리에 있는 점은 아니다. 만약 공간평균이 주어진 모든 점에서 최소거리에 있는 점이라면, 공간평균 좌표값을 식 7.2에 대입하였을 때 계산되는 공간중심 좌표값이 공간평균 좌표값과 동일하게 산출되어야 한다.

표준거리(d)는 각 점들로부터 공간중심까지의 거리들에 대한 평균값이다(식 7.3). 공간중심으로부터 각 점들이 얼마나 분산되어 있는지 나타내는 지표이다. 공간중심이 계산되지 못하는 경우 공간평균으로 계산해도 분산정도를 확인할 수 있다.

$$d=\sqrt{\frac{\sum\limits_{i=1}^{n}((x_i-m_x)^2+(y_i-m_y)^2)}{n}}$$

식 7.3

표준편차타원은 점 패턴의 방향성을 확인하는 지표이다. 타원의 표준편차는 공간중심으로부터 점들의 x 값들의 X축 상의 편차(d_x)와 y 값들의 Y축 상의 편차(d_y)로 구분하여 정의된다(식 7.4). X축 상의 편차가 Y축 상의 편차보다 크다면 점들이 좌우로 크게 분산되어 있는 타원의 형태이며, 반대로 Y축 상의 편차가 크다면 점들이 상하로 크게 분사되어 있는 타원의 형태이다.

$$d_x=\sqrt{\frac{\sum\limits_{i=1}^{n}(x_i-m_x)^2}{n}}\ ,\ \ d_y=\sqrt{\frac{\sum\limits_{i=1}^{n}(y_i-m_x)^2}{n}}$$

식 7.4

과거에는 위와 같은 단순한 계산 방법으로 점 패턴을 요약하였다. 컴퓨터의 연산능력이 발달하면서, 점 패턴 분석도 컴퓨터를 이용한 대용량 연산이 가능하게 되어 점 패턴 분석을 위한 반복연산 분석방법들이 제시되었다. 이러한 분석 방법은 크게 밀도기반의 방법과 거리기반의 방법으로 구분할 수 있다.

7.2 밀도기반 분석

우리가 관측한 점 패턴은 공간현상의 프로세스를 표본 추출한 것이다. 따라서 그 프로세스의 강도를 점 패턴의 밀도로 추정할 수 있을 것이다. 밀도(λ)는 점의 수(n)를 면적(a)으로 나누어 간단하게 산정할 수 있다(식 7.5). 밀도가 높다면 어떤 지역에 해당 사건이 많이 발생한다는 것으로 서로 다른 지역에 대해 사건의 발생 정도를 비교하여 분석하는데 용이하다. 그림 7.1은 연구지역을 100개의 단위지역(unit)으로 구분하고 여기에 50개의 임의의 점을 분포한 것으로 밀도는 50/100이므로 단위지역당 0.5개의 점밀도를 갖는다.

$$\hat{\lambda} = \frac{n}{a} \qquad\qquad \text{식 7.5}$$

만약 지역 간의 비교가 아니라 지역 내의 밀도 차이를 확인하고 싶다면 다양한 방법을 적용할 수 있다. 본 교재에서는 대상 지역을 격자로 나누고 격자별로 밀도를 계산하는 격자밀도 방법과 일정한 크기의 커널(또는 윈도우)을 움직여 커널 내부의 점 밀도를 커널의 중심 값으로 부여하는 커널밀도 방법에 대해 살펴본다.

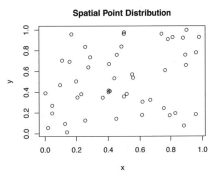

〈그림 7.1〉 대상지역(100 unit) 내에 50개의 임의의 점 분포

7.2.1 격자단위 밀도(Quadrat Count Density)

격자밀도 방법의 절차는 다음과 같다. 우선, 대상 지역을 일정한 크기의 격자로 나눈다. 둘째, 격자별로 포함하는 점의 수를 센다. 셋째, 격자별 숫자를 바탕으로 점빈도 분포표를 작성한다. 넷째, 격자별 점의 수에 대한 기대치와 관측치의 점빈도 분포표를 비교하여 전체적으로 점 패턴을 분석한다. 격자별 점 분포의 기대치는 격자별 점 분포 평균으로 계산하며 이 값은 점들이 격자별로 규칙적으로 분산되어 있을 때의 격자별 점의 수를 기대하는 값이 된다. 만약 관측치에서 점의 수가 평균값 보다 많은 격자의 빈도가 높다면 이 분포는 전체적으로 밀집되어 있는 분포이며, 평균값과 비슷한 값을 갖는 격자의 빈도가 높다면 이 분포는 전체적으로 분산되어 있는 분포이다. 마지막으로 점 분포의 국지적 경향을 살펴보기 위해, 빈도가 높은 격자들의 위치를 확인하여 대상지역에서의 점 분포의 경향을 확인할 수 있다. 격자의 모양은 정사각형, 정육각형, 정팔각형 등 전체지역에 대해 고른 면을 구성할 수 있다면 그 격자의 형태는 다양하게 선정할 수 있다. 서울시 스타벅스의 위치를 격자로 나타내면 그림 7.2와 같다. 그림에서 격자의 크기는 임의로 산정하였으며 서울의 스타벅스

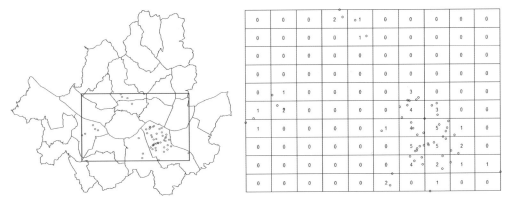

〈그림 7.2〉 서울시 스타벅스 분포 지역에 대한 격자별 점의 수

〈표 7.1〉 서울시 스타벅스 위치의 점빈도 분포표

격자별 점의 수(k)	격자수(x)	확률	누적확률	k−μ	(k−μ)²	x(k−μ)²
0	77	0.77	0.77	−0.53	0.28	21.63
1	10	0.10	0.87	0.47	0.22	2.21
2	5	0.05	0.92	1.47	2.16	10.80
3	2	0.02	0.94	2.47	6.10	12.20
4	3	0.03	0.97	3.47	12.04	36.12
5	3	0.03	1.00	4.47	19.98	59.94
소계	100	1.00				142.91

를 모두 포함할 수 있도록 10 x 10 격자를 구성하였다.

그림 7.2의 점 분포를 이용하여 격자별 점빈도 분포표를 작성하면 표 7.1과 같다. 그림에서 점의 수(n)는 53, 격자의 수(x)는 100이므로 격자별 점빈도 평균(μ)은 0.53인데, 표 7.1에서 점빈도가 평균보다 높은 격자의 수가 다수 있으므로 그림 7.2의 점 분포는 부분적으로 밀집되어 있다고 판단할 수 있다. 국지적으로 격자별 점빈도가 높은 격자들이 연구지역의 중앙에서 동남부쪽으로 향하는 방향으로 높아지다가 다시 가장자리로 가면서 낮아지는 경향을 보이고 있음을 확인할 수 있다.

표 7.1의 격자 점빈도 분포는 x^2 검증을 점분포의 군집성을 검증할 수 있다. x^2 검증에서 격자별 관측 점분포($\sum x(k-\mu_k)^2$) 부분이 평균 점분포(μ_k)보다 상당히 많이 크다면 관측 점분포는 임의의 분포가 아니라 군집분포로 판단할 수 있다(식 7.6).

$$x^2 = \frac{\sum x(k-\mu_k)^2}{\mu_k} = \frac{142.91}{0.53} = 269.64 \qquad \text{식 7.6}$$

표 7.1에서 계산되는 x^2 값은 위와 같이 269.64이다. 이는 0.1% 유의수준의 x^2 값인 72.0554보다 상당히 크다. 따라서 서울시의 스타벅스 점빈도 분포가 임의의 분포인 경우는 1% 미만이므로, 귀무가설을 기각하고 99% 신뢰수준에서 스타벅스 점빈도 분포는 군집하고 있거나 또는 규칙적으로 분포한다고 판단할 수 있다.

그렇다면 이제 스타벅스 지점의 분포가 군집하는지 규칙적인지는 무엇으로 판단할 수 있는가? 이 판단을 위해 VMR(Variance/Mean Ratio)을 사용한다. VMR은 1을 기준으로 판단하며, 1보다 크면 점의 격자별 평균빈도에 비해 격자별 점빈도의 분산이 크므로 특정 격자에는 많은 점들이 있고 다른 격자들에는 매우 적은 수의 점들이 있으므로 점들이 특정 격자에 군집되어 있는 분포이다. VMR이 1 보다 작다면 점빈도의 분산이 격자별 평균빈도와 거의 차이가 없을 정도로 점이 전체 격자에 고루 분포하고 있으므로 규칙적인 분포가 되는 것이다.

그림 7.2의 서울시 스타벅스 분포의 경우, 격자별 평균 점빈도(μ)는 0.53이고 분산($\sum x(k-\mu_k)^2/x$)은 142.91/100이므로 1.429이다. 따라서 VMR은 1.429/0.53 = 2.696이다. VMR이 1보다 크므로 서울시 스타벅스 분포는 군집되어 있다.

격자의 크기는 국지적 밀도 측정에 영향을 주기 때문에 충분한 근거를 두어 선정해야 한다. 만약 격자의 크기가 너무 작다면 점이 포함되지 않는 격자를 많이 갖게 되어 밀도의 계산이 어렵다. 또한, 격자의 크기가 너무 크다면 점 대부분이 소수의 격자에 나뉘어 점 분포의 미세한 공간적 경향을 파악하기 어려워진다.

이처럼 격자 단위 밀도 분석법은 계산과 해석이 쉽다는 장점이 있지만, 앞서 설명하였듯이 격자의 크기에 따라 점 분포 특성이 달리 해석될 수 있어 공간단위의 임의성 문제(MAUP; Modifiable Areal Unit Problem)를 포함하고 있다. 다음으로 MAUP의 영향을 줄여서 밀도를 계산할 수 있는 커널 밀도 분석법을 설명한다.

7.2.2 커널밀도(Kernel Density)

커널밀도는 격자밀도 방법을 확장하여 커널(예. 3×3 격자)을 조금씩 이동하면서 밀도를 계산하고 계산된 밀도를 커널 창의 중심값으로 입력하여 전체지역에 대해 밀도 면을 생성하는 방법이다. 커널 창은 대상 지역의 밀도 값을 입력하는 셀의 크기보다는 크게 설계되며, 창에 포함되는 점들을 이용하여 커널 중앙 셀의 값을 산정하는 방식이다. 커널 창은 주로 대상 지역의 좌상단에서 출발하

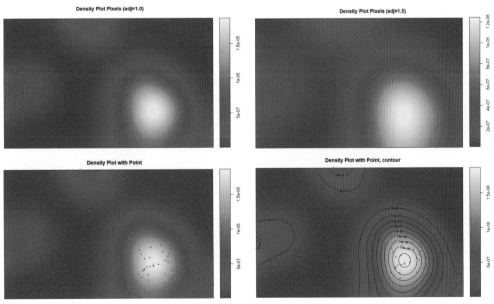

〈그림 7.3〉 서울시 스타벅스 위치의 밀도분포도

여 우하단에 이르기까지 겹치면서 이동하게 된다. 이렇게 되면 커널 창의 가장자리에 해당하는 지역은 밀도 값을 가지지 못하게 되어 최종 밀도 면에서는 원래 대상지역의 가장자리를 제외하고 밀도값이 생성되게 된다.

커널은 창의 모양과 크기 및 커널의 중앙 셀 값을 계산하는 방식으로 정의된다. 중앙 셀 값의 계산 방식으로 커널 창에 포함되는 점에 대해 같은 가중치를 주어 점의 수를 면적으로 나눈 값을 사용하는 기본 커널, 포함되는 점들을 중앙으로부터 역거리 가중치를 준 후 면적으로 나눈 값을 부여하는 커널, 가우스분포 등의 연속함수를 적용하는 커널 등 다양한 커널을 정의하여 사용할 수 있다. 기본 커널과 달리 연속함수를 적용한 커널을 사용하면 보다 부드러운 밀도 면을 생성할 수 있다. 다만, 해당 현상에 그 함수를 적용할 수 있는 이론적인 근거가 있어야 결과 밀도 면에 대한 유의한 해석이 가능하다.

그림 7.3은 그림 7.2의 서울시 스타벅스 매장 위치의 분포를 커널밀도로 작성한 분포도이다. 그림 7.2의 매장 분포를 128x128 픽셀로 구성된 밀도면을 구성하고 점분포 밀도를 작성하였다. 그림 7.3의 좌상단 그림은 커널의 대역폭(bandwidth)을 기본값인 1로 준것으로 가우시안 커널함수를 그대로 사용한 것이다. 우상단 그림은 커널의 대역폭을 1.5배 한 것으로 좀 더 넓은 지역을 고려할 수 있는 커널을 사용한 것이다.

7.3 거리기반 분석

점 분포를 요약하기 위해 점 사이의 거리를 이용하는 방법이 있다. 점 분포의 거리기반 분석법을 이차원 특성(Second Order Property)의 분석이라고 하는데, 이는 분포하는 점들이 주변의 점에 상호 영향을 주고 있다는 것에 근거한 것이다.

가장 단순한 방법은 최근린 거리의 평균을 계산하는 방법이다. 점 분포에서 분포하는 각 점에 대해 하나의 최근린 점이 존재하며 이러한 최근린 점과의 거리는 다음 식 7.7과 같다.

$$d(s_i, s_j) = \sqrt{(x_i - x_j)^2 + (y_i - y_y)^2} \qquad \text{식 7.7}$$

이렇게 점들과 최근린 점과의 거리들의 평균(Mean Nearest Neighbor Distance)을 계산하면 점들의 분포 형태를 확인할 수 있다. 점들의 평균 최근린 거리가 짧다면 이웃하는 점들이 서로 가까이 있으므로 군집되는 경향이 크다. 물론 군집 정도를 판단하기 위해 비교할 수 있는 기준이 필요하며, 이를 위해 R통계 또는 거리 누적빈도 함수를 사용할 수 있다.

7.3.1 거리기반 R 통계

Clark와 Evans(1954)는 평균 최근린 거리의 기댓값(식 7.8)을 관측 평균 최근린 거리의 군집 정도를 확인하기 위한 기준으로 사용하는 R 통계(식 7.9)를 정의하였다. 그림 7.4에서 보면 R 값이 0에 가까우면 군집을 이루고 1보다 커질수록 보다 규칙적으로 분산되게 된다. 여기서 λ는 점밀도(빈도/면적)이다.

$$E(d) = \frac{1}{2\sqrt{\lambda}}$$ 식 7.8

$$R = \frac{\bar{d}_{min}}{E(d)} = \frac{\bar{d}_{min}}{1/(2\sqrt{\lambda})} = 2\bar{d}_{min}\sqrt{\lambda}$$ 식 7.9

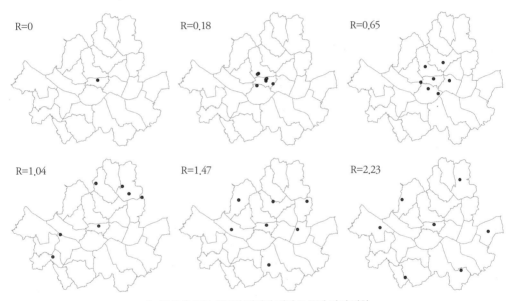

〈그림 7.4〉 평균 최근린 거리값 기반 R 통계 값의 변화

7.3.2 거리 누적빈도 함수

평균 최근린 거리법이 단순하므로 최근린 거리를 누적하여 함수로 만들어 점 분포를 평가하기 위해 G, F, K, L 함수가 개발되었다.

거리 누적빈도 함수를 적용해 보기 위해 규칙분포, 랜덤분포, 군집분포를 생성하였다. 랜덤분포는 x축과 y축에 대해 0과 1 사이의 임의의 값 50개를 발생시켜 (x, y)쌍으로 생성하였고, 군집분포는 x축과 y축의 값 0과 1 사이에 대해 평균을 (0.5, 0.5)로 주고 표준편차를 0.1로 주어 군집된 임의의 값들을 추출하여 생성하였다. 규칙분포는 x축과 y축에 대해 0과 1 사이의 7개씩의 수를 뽑아 49개 점을 등간격으로 배열하였다(그림 7.5).

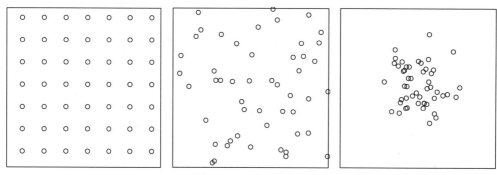

〈그림 7.5〉 점 분포도: 규칙분포(좌), 랜덤분포(중), 군집분포(우)

7.3.2.1 G 함수

G 함수는 최근린 거리의 누적빈도 분포를 사용한다(식 7.10). 즉 짧은 거리에서 높은 최근린 거리 누적빈도가 발생한다면 점들이 해당 짧은 거리에 많이 모여 있다는 것이며, 반대로 먼 거리에서 높은 최근린 거리 누적빈도가 발생한다면 점들은 비교적 분산되어 분포한다는 것이다. 하지만 G 함수 역시 높은 누적빈도가 발생한 위치가 짧은 거리인지 먼 거리인지를 평가하기 위한 기준이 모호한 단점이 있다. 또한, 점의 빈도가 높지 않으면 그래프가 부드럽지 않게 된다. 따라서 실세계에서는 군집과 분산이 지역에 따라 불규칙적으로 발생할 수 있으므로 이를 판단할 수 있는 기준이 필요하다. G 함수의 군집과 분산의 기준으로 IRP/CSR 기반의 기대 함수를 사용할 수 있다(식 7.11).

$$G(d) = \frac{no.[d_{\min}(s_i) < d]}{n}$$
식 7.10

$$E[G(r)] = 1 - e^{-\lambda \pi r^2}$$
식 7.11

그림 7.5의 점 분포도 중 규칙분포에 대해 G 함수를 실행한 결과는 그림 7.6과 같다. 그림 7.6에서 G 함수 결과 그래프를 보면 기대치 곡선($G_{pois}(r)$)은 랜덤분포에 대한 기대치 곡선으로 그래프에서 x축의 거리(r)가 멀어짐에 따라 기대 최근린 거리 누적빈도가 점차 증가하고 있지만, 규칙분포는 그림 7.5(좌)의 분포에서 볼 수 있듯이 x축으로 최근린 거리가 약 0.14 까지는 누적빈도(G(r))가 발생하지 않으므로 그림 7.6에서 G(r)의 추정치 ($\hat{G}_{km}(r)$, $\hat{G}_{bord}(r)$, $\hat{G}_{han}(r)$)가 0이 됨을 알 수 있다. G(r)의 추정치 도출을 위한 함수에서 가장자리 보정을 위해 km(Kaplan-Meier), border, hazard(hazard rate lambda(r)) 보정 옵션을 선택할 수 있다. [여기서, x축의 시작은 0이고 끝은 1이다.] x 축을 따라 0.14를 초과하였을 때 전체 누적빈도가 급격하게 최대로 증가할 것이다.

그림 7.7에서는 그림 7.5의 랜덤분포에 대해 G 함수를 실행한 결과 그래프를 보여 주고 있다. 기대치 곡선($Gpois(r)$)에 대하여 추정치 곡선들이 전체적으로 비슷하게 증가하고 있다. 기대치 곡선

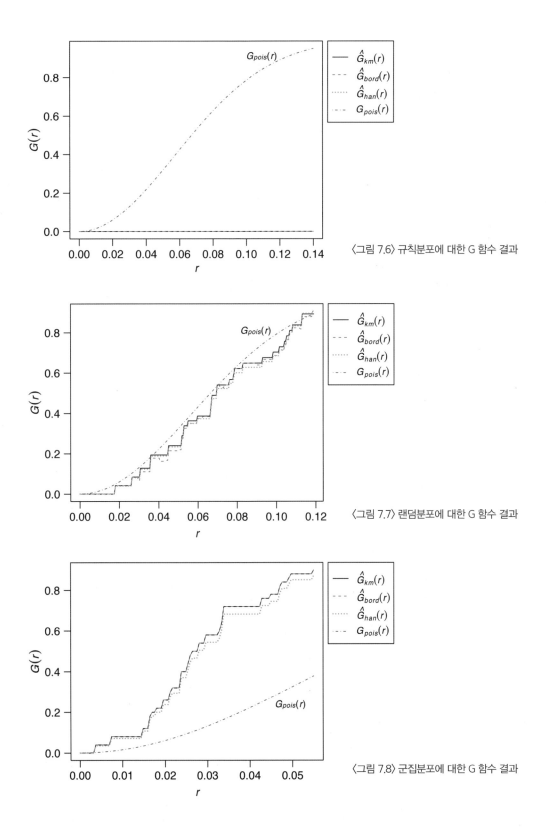

〈그림 7.6〉 규칙분포에 대한 G 함수 결과

〈그림 7.7〉 랜덤분포에 대한 G 함수 결과

〈그림 7.8〉 군집분포에 대한 G 함수 결과

은 기대 랜덤분포 곡선이므로 x 축의 거리(r)에 따라 0.12까지 최근린 거리의 누적분포가 서서히 증가하고 있다. 관측치로부터 작성한 G 그래프 역시 거리에 따라서 최근린 거리의 누적빈도가 서서히 증가하고 있음을 확인할 수 있다. 그림 7.5(중)의 랜덤분포를 보면 최근린 거리들과 가까운 것부터 넓은 것까지 다양하게 존재함을 확인할 수 있다. 따라서 랜덤분포의 최근린 거리 누적빈도(G(r))는 거리(r)에 따라서 서서히 증가하게 된다.

그림 7.8에서는 그림 7.5의 군집분포에 대해 G 함수를 실행한 결과 그래프를 보여 주고 있다. 기대치 곡선($G_{pois}(r)$) 보다 추정치 곡선들이 짧은 거리 내에서 급격하게 증가하는 것을 확인할 수 있다. 최근린 거리의 누적빈도인 G(r) 값이 0.03 이하의 짧은 거리에서 급격히 증가하였고 이후 서서히 증가하고 있다. 이것은 점들의 분포가 거의 대부분 0.03 이하의 짧은 최근린 점들을 갖는 것으로 이 점들이 군집되어 있음을 나타내고 있다.

7.3.2.2 F 함수

F 함수는 관측 점 이외에 임의의 점들을 발생시켜 분포에 포함함으로써 최근린 거리 누적빈도를 증가시켰다(식 7.12). 이를 통해 F 함수는 G 함수에서 적은 빈도의 최근린 거리로 인해 함수가 부드럽지 않았던 문제를 해결하였다. F 함수의 군집과 분산의 기준이 필요하며 이를 위해 IRP/CSR 기반의 기대 함수를 사용할 수 있다(식 7.13).

$$F(d) = \frac{no. [d_{\min}(p_i, S) < d]}{m}$$ 식 7.12

$$E[F(r)] = 1 - e^{-\lambda \pi r^2}$$ 식 7.13

그림 7.9에서 F 함수의 최근린 거리 누적빈도 곡선이 G 함수의 결과에 비해 상당히 부드러워진 것을 확인할 수 있다. 그림 7.9는 랜덤분포에 대한 최근린 거리 누적빈도 곡선(F(r))이므로 기대 누적빈도 곡선 $F_{pois}(r)$과 추정 누적빈도 곡선들($\hat{F}_{km}(r)$, $\hat{F}_{bord}(r)$, $\hat{F}_{cs}(r)$)이 매우 유사한 경향을 보이고 있다. [F(r)의 추정치 도출을 위한 함수에서 가장자리 보정을 위해 km(Kaplan-Meier) 보정, border 보정, cs(Chiu-Stoyan) 옵션을 선택할 수 있다.] 즉 기존의 분포가 랜덤분포인데 여기에 추가적으로 임의의 점들을 발생시켰으므로 최근린 거리도 가까운 거리부터 먼 거리까지 다양한 최근린 거리가 발생하게 된다. 따라서 관측치를 이용한 추정 최근린 거리 누적빈도 곡선도 그림 7.9와 같이 짧은 거리부터 0.1 정도의 거리까지 다양하게 발생하게 되어 빈도가 점진적으로 증가하는 형태를 나타내게 된다. 그림 7.9의 그래프로 보면 기대 누적빈도 곡선 $F_{pois}(r)$과 관측 최근린 거리 누적빈도 곡선이 유사하므로 해당 관측점은 랜덤분포임을 확인할 수 있다.

그림 7.10은 군집분포에 대한 최근린 거리 누적빈도 곡선(F(r))이므로 기대 누적빈도 곡선 Fpois

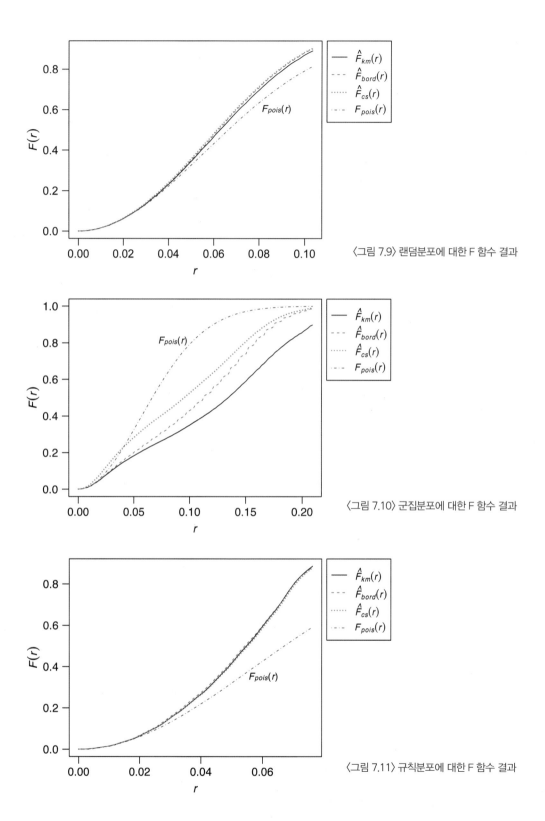

〈그림 7.9〉 랜덤분포에 대한 F 함수 결과

〈그림 7.10〉 군집분포에 대한 F 함수 결과

〈그림 7.11〉 규칙분포에 대한 F 함수 결과

(r)을 기준으로 관측치 기반 추정 누적빈도가 적게 나타나고 있다. 즉 최근린 거리 누적빈도가 기대 빈도에 비해 낮다는 것이다. F 함수에서는 많은 수의 임의의 점들이 발생되었기 때문에 군집되어 있는 관측 점들에서 임의의 점들이 상당한 거리를 갖게 되어 최근린 거리는 가까운 것부터 떨어진 것까지 다양하게 발생하게 된다. 따라서 그림 7.10과 같이 최근린 거리 누적빈도 분포는 기대 빈도 아래로 점진적으로 증가하는 경향을 보이게 되므로, 그림 7.10과 같은 F 함수 그래프가 그려진다면 원래의 관측 점 분포는 군집분포인 것이다.

그림 7.11은 규칙분포에 대한 최근린 거리 누적빈도 곡선(F(r))이므로 기대 누적빈도 곡선 $F_{pois}(r)$를 기준으로 관측 최근린 거리 누적빈도가 가까운 거리에서 전체적으로 높게 나타나고 있다. 즉 최근린 거리의 누적빈도가 기대 빈도에 비해 높다는 것이다. F 함수에서는 많은 수의 임의의 점들이 발생되었기 때문에 규칙적으로 배열되어 있는 관측 점들에서 임의의 점들이 상당히 가까운 거리를 갖게 된다. 따라서 그림 7.11과 같이 최근린 거리 누적빈도 분포는 랜덤분포 기반의 기대 빈도보다 가까운 거리에서 높은 빈도를 보이게 되므로, 그림 7.11과 같은 F 함수 그래프가 그려진다면 원래의 관측 점 분포는 규칙분포인 것이다.

F 함수에서는 많은 수의 임의의 점들이 발생되었기 때문에 만약 원래의 관측 점들이 군집되어 있다면 관측점들은 임의의 점들과 상당한 거리를 갖게 되므로, 군집의 경우 짧은 거리에서 빈도가 급

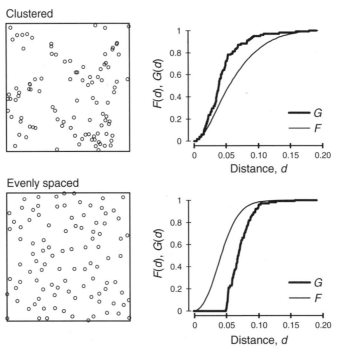

〈그림 7.12〉 G 함수와 F 함수의 누적빈도 비교(O'Sullivan & Unwin, 2010)

증하는 G 함수 보다 F 함수가 오른쪽에 위치하게 된다(그림 7.12). 이와 반대로 분산의 경우는 관측점들과 임의로 발생한 점들 사이의 거리가 매우 짧아지게 되어 F 함수에서 최근린 거리 증가 빈도 그래프가 G 함수 그래프보다 왼쪽에 위치하게 된다.

7.3.2.3 K 함수

K 함수는 한 점에서 최근린 거리의 점만 고려하지 않고 다른 모든 점까지의 거리를 계산하여 누적빈도 함수를 만든다. 우선 각 점으로부터 단위 거리(예, 10km 간격)에 있는 원들을 구성한다(그림 7.13). 점들로부터 단위 거리 원들에 포함되는 점의 평균을 계산한다. 그 다음 전체 지역의 점 밀도로 나누어 단위 거리별 점 빈도의 확률을 계산하고 누적하여 K 함수값을 도출한다. K 추정치는 동일한 거리에서 관측된 평균 점의 수에 대한 점 밀도의 비율이다.

$$K(d) = \frac{\sum_{i=1}^{n} no.[S \in C(s_i, d)]}{n\lambda} = \frac{a}{n} \cdot \frac{1}{n} \sum_{i=1}^{n} no.[S \in C(s_i, d)] \qquad \text{식 7.14}$$

K 함수에서 만약 점들이 랜덤하게 분포되어 있다면 K 함수의 점 거리 누적빈도는 일정한 거리까지는 모든 거리에서 서서히 증가하는 형태를 띠게 된다. 즉 그림 7.14와 같이 기대 누적빈도 곡선($\hat{K}_{pois}(r)$)과 관측 거리 추정 누적빈도 곡선들($\hat{K}_{iso}$, $\hat{K}_{trans}$, $\hat{K}_{bord}$)이 유사하게 증가하는 형태를 나타내게 된다. [K(r)의 추정치 도출을 위한 함수에서 가장자리 보정을 위해 isotropic, translate, border 보정 옵션을 선택할 수 있다.]

K 함수에서 만약 점들이 군집되어 있다면 K 함수의 누적 빈도가 짧은 거리 내에서 기대 누적빈도보다 더 높은 누적빈도를 나타내게 되므로 그림 7.15와 같이 기대 누적빈도보다 가까운 거리에서 전체적으로 높은 값을 갖게 된다. 즉 K 추정선이 기대선보다 높은 것은 해당 거리에서 점의 수가 랜덤일 때 보다 더 많으므로 더 군집되어 있다는 것이다.

K 함수에서 만약 점들이 두 개의 군집으로 나뉘어져 있다면 K 함수의 누적 빈도가 각 군집의 크기에 해당하는 거리까지 증가하다가 군집간의 거리에 해당하는 지점까지 빈도가 정체된 후 다시 증가하는 계단식 증가 형태를 띠게 되다(그림 7.16). 이와 같이 K 함수는 G나 F 함수와는 달리 점들의 군집이 발생할 경우 군집간의 간격을 확인할 수 있어 점 분포에 대해 더 많은 정보를 제

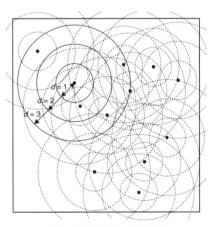

〈그림 7.13〉 K 함수 거리 계산
(O'Sullivan & Unwin, 2010)

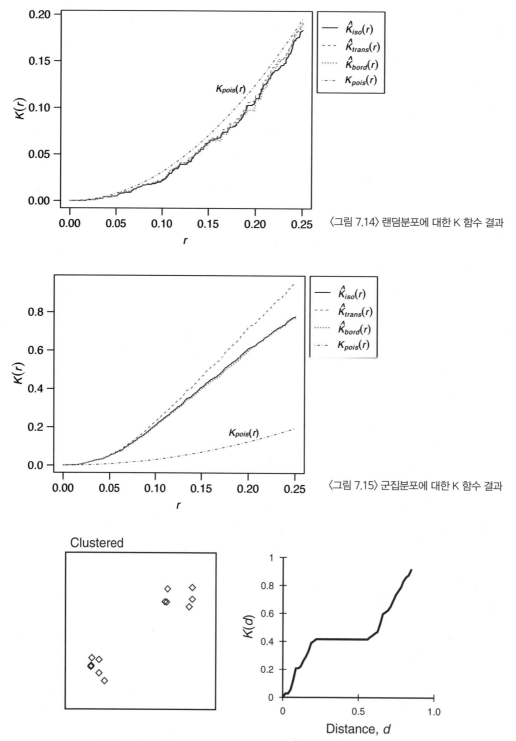

〈그림 7.14〉 랜덤분포에 대한 K 함수 결과

〈그림 7.15〉 군집분포에 대한 K 함수 결과

〈그림 7.16〉 두 개의 군집분포에 대한 K 함수 결과(O'Sullivan & Unwin, 2010)

R을 이용한 공간정보 분석

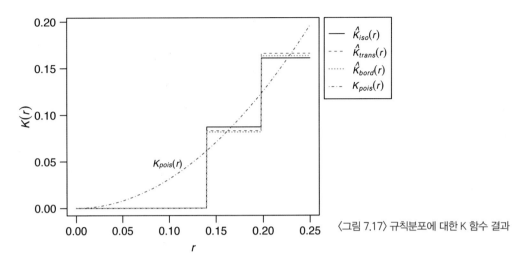

<그림 7.17> 규칙분포에 대한 K 함수 결과

공하게 된다.

K 함수에서 만약 점들이 일정하게 분산되어 있다면 K 함수의 점 거리 누적빈도는 일정한 거리까지는 발생하지 않다가 일정정도 발생하고 다시 정체되다가 다시 발생하는 형태를 반복하게 된다 (그림 7.17). K 추정선이 기대선보다 낮다가 규칙적으로 증가하는 것은 해당 거리만큼 점들이 규칙적으로 흩어져 있는 경우이다.

7.3.2.4 L 함수

K 함수에서는 관측치의 함수 모양과 기대치의 함수 모양이 유사하여 그 구분이 어려운 단점이 있다. 이를 극복하기 위해 기대치 함수(E(K)) 값인 πd^2을 π로 나누고 제곱근을 씌운 후 d를 빼면 0이 되므로, K 기댓값을 0 값의 수평선으로 만들 수 있도록 K 함수를 변형하여 L 함수가 도출되었다(식 7.15).

$$L=\sqrt{\frac{K(d)}{\pi}}-d$$

식 7.15

그림 7.18에서 $L_{pois}(r)-r$ 함수 값이 0인 선은 랜덤분포의 이론적인 기댓값으로 구성된 선이다. 관측값 기반 L 추정선이 이론적 기대선의 위쪽에 있으면 해당 거리에서 군집되어 있는 것이고 0보다 아래로 내려가면 군집이 아닌 분포, 즉 랜덤하거나 보다 규칙적으로 분산되어 있는 것이다. 그림 7.18의 L 추정값들($\hat{L}_{iso}-r$, $\hat{L}_{trans}-r$, $\hat{L}_{bord}-r$)이 0인 선보다 아래에 있으면서 거리(r)의 다양한 값에서 빈도의 증가와 감소가 반복되고 있으므로 점들 간의 거리가 다양하게 존재하는 것을 의미하고, 이는 규칙분포보다는 랜덤분포를 나타내는 것이다. [L(r)의 추정치 도출을 위한 함수에서도 가장자리 보정을 위해 isotropic, translate, border 보정 옵션을 선택할 수 있다.]

그림 7.19에서는 관측값 기반 L 추정선이 이론적 기대선(Lpois(r)−r)의 위쪽에 있으므로 0.25 거리까지 군집되어 있는 것으로 볼 수 있다.

그림 7.20에서는 관측값 기반 L 추정선이 이론적 기대선(Lpois(r)−r)인 0보다 아래로 내려가 랜덤하거나 규칙적으로 분산되어 있는 것이다. 그림 7.20의 L 추정값들이 0인 선보다 아래에 있으면서 거리(r)에 따라 지속적로 감소하다가 0.14 거리에서 누적빈도가 많이 발생하고 다시 감소하다가 0.2 지점에서 누적빈도가 다시 급격하게 증가하는 형태로 일정한 거리에서의 누적빈도가 증가하는 형태를 띠고 있다. 이는 점들 간의 거리가 일정하게 떨어져 있음을 나타내는 것이므로 점들이 랜덤하게 분포하기 보다는 규칙적으로 분산되어 있는 것이다.

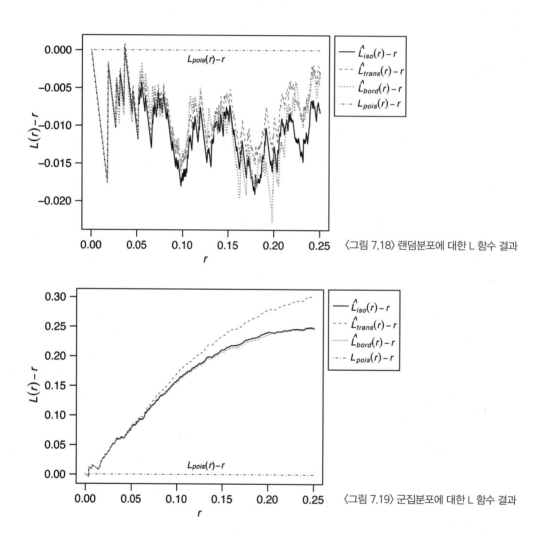

〈그림 7.18〉 랜덤분포에 대한 L 함수 결과

〈그림 7.19〉 군집분포에 대한 L 함수 결과

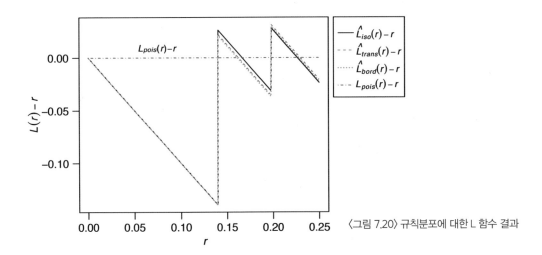

〈그림 7.20〉 규칙분포에 대한 L 함수 결과

7.4 R을 이용한 점 패턴 실습

RStudio를 실행하자. 실습 디렉토리(ch7)에 있는 데이터를 확인한다. 실습 폴드에 있는 데이터는 다음과 같다.

Seoul: 서울의 행정구 경계를 나타내는 폴리곤 레이어이다. 폴리곤 레이어는 owin 레이어로 읽어 들일 수 있다.

Starbucks: 서울시에 있는 스타벅스의 위치를 표현한 점 레이어이다. 점 레이어는 ppp 레이어로 읽어 들일 수 있다.

SeoulDensity: 서울의 인구밀도를 나타내는 래스터 데이터이다. 래스터는 im 레이어로 읽어 들일 수 있다.

7.4.1 데이터 불러오기

외부 데이터를 불러 가져와야 하므로 다음 라이브러리들을 실행한다. 만약 해당 라이브러리가 없다면 RStudio의 Tools | install Packages...를 이용하여 패키지를 인스톨한 후 실행하면 된다. [만약, 설치시 "00LOCK" 관련 오류가 발생하면, 해당 경로에 가서 00LOCK 폴더를 삭제한 후 다시 설치하면 될 것이다.]

다음과 같은 순서로 ch7 폴더에 있는 데이터를 불러오자.

```
> library(rgdal)
```

```
〉 library(maptools)
〉 library(raster)
〉 library(spatstat)
```

경로는 설치 경로에 맞게 수정해야 한다. 그리고 필드 이름에 한글이 있으면 오류가 발생하고 불러오기가 되지 않는다.

```
# Load an Seoul.shp polygon shapefile
〉 s 〈- readOGR("c:/RSpatial/ch7", "Seoul")          # Don't add the .shp extension
〉 gu 〈- as(s, "owin")

# Load a Starbucks.shp point feature shapefile
〉 s 〈- readOGR("c:/RSpatial/ch7", "Starbucks")      # Don't add the .shp extension
〉 sbuck 〈- as(s, "ppp")
```

점 분포 분석을 위해 공간통계 라이브러리를 사용한다. 그리고 지도를 표현하기만 하면 되므로 데이터의 속성값은 NULL로 설정하여 사용하지 않는다.

```
〉 marks(sbuck) 〈- NULL
```

그림 창의 범위를 연구지역(gu)의 크기에 맞춘다.

```
〉 Window(sbuck) 〈- gu
```

연구지역(gu)에 대해 대상 스타벅스 데이터 (sbuck)의 지도를 그린다.

```
〉 plot(sbuck, main=NULL, cols=rgb(0,0,0,.2),
pch=20)
```

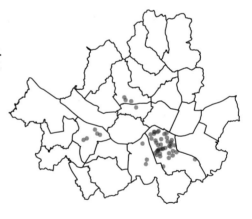

그림이 창에 너무 작게 나오거나 창이 너무 작다는 오류가 나오면 par("mar")로 여백(margin)의 크기를 확인할 수 있다. 기본 값은 mar = c(5.1, 4.1, 4.1, 2.1) 로 세팅되어 있다. 여백의 값은 (bottom, left, top, right) 순으로 설정되어 있다.

```
〉 par("mar")
〉 par(mar=c(4.5,4.5,1,0.5))
```

7.4.2 격자 밀도 분석(Quadrat Count Analysis)

격자 밀도 분석을 위해 quadratcount( )와 intensity( )를 사용하면 된다. 우선 커피숍에 대해 quadratcount( )를 수행하여 격자별 커피숍의 숫자를 센다.

```
> Q <- quadratcount(sbuck, nx= 7, ny=5)
```

격자별 커피숍 숫자를 그림으로 그린다.

```
> plot(sbuck, pch=20, cols="grey70",
main=NULL) # Plot points
> plot(Q, add=TRUE) # Add quadrat grid
```

다음으로 격자별 커피숍의 숫자를 바탕으로 밀도를 intensity( )를 사용하여 계산한다.

```
# Compute the density for each quadrat
> Q.d <- intensity(Q)

# Plot the density
> plot(intensity(Q, image=TRUE), main=NULL, las=1)      # Plot density raster
> plot(sbuck, pch=20, cex=0.6, col=rgb(0,0,0,.5), add=TRUE)   # Add points
```

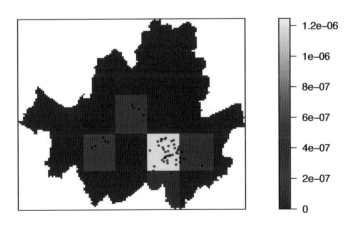

밀도 값은 각 격자에 대해 단위면적(제곱미터) 당 커피숍 개수이다. 단위는 지도 단위에서 도출된 것으로 미터로 설정되어 커피숍의 밀도를 계산하기에 너무 작은 단위이다. 따라서 미터 대신 kilometer로 수정하여야 더욱 현실적인 분석이 가능할 것이다. 다음으로 거리 단위를 수정하여 밀

도를 계산한다.

```
> sbuck.km <- rescale(sbuck, 1000, "km")
> gu.km <- rescale(gu, 1000, "km")
> popden.km <- rescale(popden, 1000, "km")
> popden.lg.km <- rescale(popden.lg, 1000, "km")
```

수정된 킬로미터 거리 단위를 바탕으로 Quadrat test를 수행하고 커피숍 밀도를 지도화하면 다음과 같다.

```
# Compute the density for each quadrat (in counts per km2)
> Q <- quadratcount(sbuck.km, nx= 7, ny=5)
> Q.d <- intensity(Q)

# Quadrat test
> quadrat.test(Q)
##      Chi-squared test of CSR using quadrat counts
##      Pearson X2 statistic
## data:
## X2 = 536.96, df = 30, p-value < 2.2e-16
## alternative hypothesis: two.sided
## Quadrats: 31 tiles (irregular windows)
```

Quadrat test 결과 X^2 값이 매우 크고 p-value가 2.2e-16 보다 작으므로 99% 신뢰수준에서 스타벅스 분포가 CSR과 다름을 확인할 수 있다.

```
# Plot the density
> plot(intensity(Q, image=TRUE), main=NULL, las=1) # Plot density raster
> plot(sbuck.km, pch=20, cex=0.6, col=rgb(0,0,0,.5), add=TRUE) # Add points
```

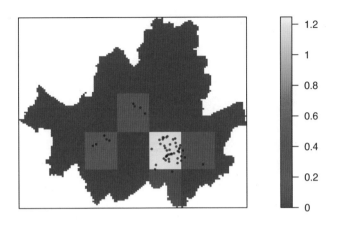

7.4.3 커널 밀도 분석(Kernel Density Analysis)

커널 밀도를 분석하기 위해 density( )를 제공하며 커널의 크기는 bandwidth 옵션으로 설정할 수 있다. 다음 코드는 커피숍 밀도를 기본 커널로 밀도를 계산하는 것이다.

```
⟩ K1 ⟨- density(sbuck.km) # Using the default bandwidth
⟩ plot(K1, main=NULL, las=1)
⟩ contour(K1, add=TRUE)
```

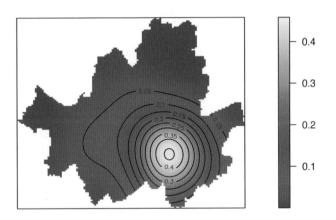

다음은 커널의 크기를 10km(sigma = 10)로 수정하여 적용하였다. 단위는 지도 단위를 사용하는데, 앞서 지도 단위를 미터에서 킬로미터로 수정하였기 때문에 여기서는 킬로미터로 적용된다.

```
⟩ K2 ⟨- density(sbuck.km, sigma=10) # Using a 10km bandwidth
⟩ plot(K2, main=NULL, las=1)
⟩ contour(K2, add=TRUE)
```

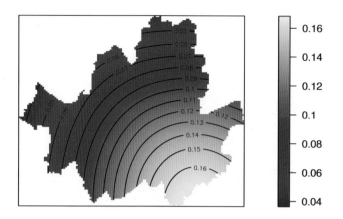

커널 함수는 기본으로 가우시안(gaussian) 함수를 사용하는데, quartic, disc, epanechnikov 함수를 선택하여 사용할 수 있다. 다음은 disc 함수를 사용하여 밀도 분포도를 작성하는 코드이다.

```
> K3 <- density(sbuck.km, kernel = "disc", sigma=10) #Using a 10km bandwidth
> plot(K3, main=NULL, las=1)
> contour(K3, add=TRUE)
```

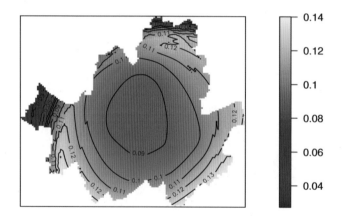

```
> K4 <- density(sbuck.km, kernel = "quartic", sigma=10) #Use quartic kernel
> plot(K4, main=NULL, las=1)
> contour(K4, add=TRUE)
```

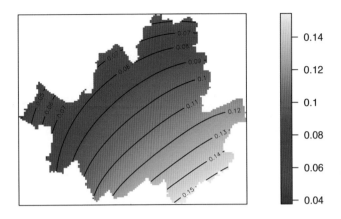

〉 K5 〈- density(sbuck.km, kernel = "epanechnikov", sigma=10) #Use epanechnikov kernel

〉 plot(K5, main=NULL, las=1)

〉 contour(K5, add=TRUE)

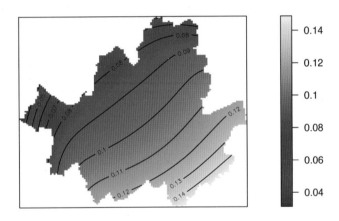

7.4.4 평균 최근린 거리(Mean Nearest Neighbor)

평균 최근린거리 법은 mean( )과 nndist( )를 사용한다. nndist( )는 최근린 이웃의 차수와 관련하여 k 옵션을 사용한다. k=1이면 첫 번째 최근린 이웃이고 k=2면 두 번째 최근린 이웃으로 전체 점이 n 이라고 하면 n-1 최근린 이웃까지 사용할 수 있다. 본 실습에서는 다음 코드로 커피숍에서 첫 번째 최근린 이웃까지의 평균 거리를 구할 수 있다.

〉 mean(nndist(sbuck.km, k=1)) // 첫 번째 최근린 이웃까지의 평균 거리

[1] 0.5436039

〉 mean(nndist(sbuck.km, k=2)) // 두 번째 최근린 이웃까지의 평균 거리

```
## [1] 0.8301515
```

평균 최근린 거리에 대해 처음부터 60번째 이웃까지의 평균 거리 변화를 다음 코드로 작성할 수 있다. 그림에서 처음부터 5번째 이웃까지의 평균 거리는 0부터 2km까지 비교적 가파르게 증가하다가 5번째부터는 45번째 이웃까지의 평균 거리는 상대적으로 2km에서 5km사이에 서서히 증가하고 있으며, 46번째 이웃부터는 거리가 급격하게 증가하고 있을 볼 수 있다. 즉 2~5km 거리를 두고 특정 지역에 집중적으로 군집해 있음을 확인할 수 있다.

```
> MNN <- apply(nndist(sbuck.km, k=1:60), 2, FUN=mean)
> plot(MNN ~ eval(1:60), type="b", main=NULL, las=1)
```

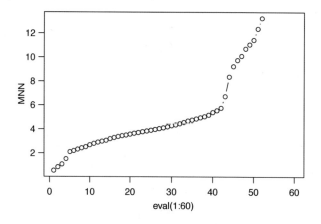

7.4.5 최근린 거리기반 분석: R 통계

점들의 최근린 점과의 평균 거리(Mean Nearest Neighbor Distance)를 계산하면 점들의 분포 형태를 확인할 수 있다. 점들의 평균 최근린 거리가 짧다면 이웃하는 점들이 서로 가까이 있으므로 군집되는 경향이 크다. 하지만 군집 정도를 판단하기 위해 군집 정도를 비교할 수 있는 기준이 필요하다.

Clark와 Evans(1954)는 평균 최근린 거리의 기댓값을 관측 평균 최근린 거리의 군집 정도를 확인하기 위한 기준으로 사용하는 R 통계를 정의 하였다. 아래 그림에서 보면 R 값이 0에 가까우면 군집을 이루고 1보다 커질수록 보다 규칙적으로 분산되게 된다. 여기서 λ는 점밀도(빈도/면적)이다.

```
#데이러 입력
# Load point feature shapefiles
> s <- readOGR("c:/RSpatial/ch7", "R2") # Don't add the .shp extension
```

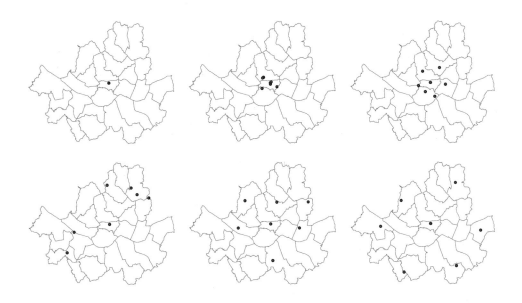

```
> r2 <- as(s, "ppp")

> s <- readOGR("c:/RSpatial/ch7", "R3")     # Don't add the .shp extension

> r3 <- as(s, "ppp")

> s <- readOGR("c:/RSpatial/ch7", "R4")     # Don't add the .shp extension

> r4 <- as(s, "ppp")

> s <- readOGR("c:/RSpatial/ch7", "R5")     # Don't add the .shp extension

> r5 <- as(s, "ppp")

> s <- readOGR("c:/RSpatial/ch7", "R6")     # Don't add the .shp extension

> r6 <- as(s, "ppp")


# 점 데이터의 거리 스케일을 km로 수정
> r2.km <- rescale(r2, 1000, "km")

> r3.km <- rescale(r3, 1000, "km")

> r4.km <- rescale(r4, 1000, "km")

> r5.km <- rescale(r5, 1000, "km")

> r6.km <- rescale(r6, 1000, "km")


# 각 점 분포의 최근린 거리 계산. 첫 번째 점 분포 최근린 거리는 0이므로 계산 필요 없음
> mdist2<-mean(nndist(r2.km))
```

```
> mdist2

## [1] 0.8182885

> mdist3<-mean(nndist(r3.km))

> mdist3

## [1] 3.030772

> mdist4<-mean(nndist(r4.km))

> mdist4

## [1] 4.841017

> mdist5<-mean(nndist(r5.km))

> mdist5

## [1] 6.847869

> mdist6<-mean(nndist(r6.km))

> mdist6

## [1] 10.36865
```

```
# 서울의 면적 계산하고 이를 이용하여 밀도의 추정치를 계산
> area(gu.km)

## [1] 606.9941

> ed <- 1/(2*sqrt(7/area(gu.km)))

> ed

## [1] 4.656003
```

```
# 각 점 분포에 대해 최단거리 평균과 점 밀도를 이용하여 R 값 계산
> mdist2/ed

## [1] 0.1757492

> mdist3/ed

## [1] 0.6509385

> mdist4/ed

## [1] 1.039737

> mdist5/ed

## [1] 1.470761

> mdist6/ed
```

```
## [1] 2.226942
```

7.4.6 거리기반 함수: G, F, K, L 함수

G 함수는 최근린 거리에 있는 점들에 대해 평균 최근린 거리를 계산하고 누적 분포를 만든 것으로 Gest( )를 사용하여 그릴 수 있다.

```
> G <- Gest(sbuck.km, main=NULL)
> plot(G, main=NULL, las=1, legendargs=list(cex=0.8, xpd=TRUE, inset=c(1.01, 0) ))
```

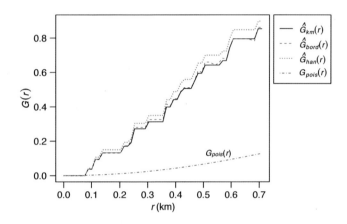

그림은 선택한 에지 보정(edge correction)에 따라 G의 다른 추정치를 반환한다. 기본적으로 km(Kaplan-Meier), border 보정(correction) 및 hazard(hazard rate lambda(r))가 구현된다. 이러한 에지 보정의 다양한 옵션을 확인하기 위해 Rstudio Console에 ?Gest를 입력하면 Help를 볼 수 있다. 그래프에서 $G_{pois}(r)$는 거리에 따른 완전 CSR/IRS 분포일 때의 G 값을 나타낸다. 최근린 거리만 계산하였기 때문에 그래프가 부드럽지 못한 것이 보이며, CSR/IRP에 의한 추정선 보다 짧은 거리에서 급증하는 것은 랜덤보다는 최근린이 더 가까이 있다는 것이므로 군집된 분포이다.

범례를 확인하기 어려우면 par("mar")를 이용하여 현재의 여백 설정을 확인하고 mar을 c(아래쪽, 왼쪽, 위쪽, 오른쪽)으로 설정하여 범례 부분이 보일 수 있도록 아래와 같이 다시 설정하면 된다.

```
> par("mar")
> par(mar=c(4.5, 4.5, 1.0, 6.5))
```

F 함수는 최근린 거리에 임의의 점들을 추가하여 평균 최근린 거리를 계산하고 누적 분포를 만든 것으로 Fest( )를 사용하여 그릴 수 있다.

```
> F <- Fest(sbuck.km)
```

```
> plot(F, main=NULL, las=1, legendargs=list(cex=0.8, xpd=TRUE, inset=c(1.01, 0) ))
```

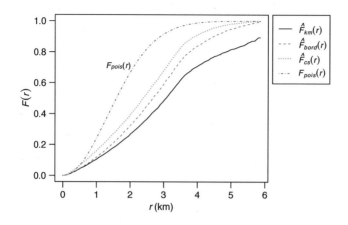

그림은 선택한 에지 보정(edge correction)에 따라 G의 다른 추정치를 반환한다. 기본적으로 km (Kaplan-Meier), border 보정(correction) 및 cs(Chiu-Stoyan)가 구현된다. 이러한 에지 보정의 다양한 옵션을 확인하기 위해 ?Fest를 사용하여 도움말을 확인할 수 있다. 임의의 점들을 포함한 관측치에 대한 최근린 거리들을 계산하였으므로 F 추정치에 대한 그래프가 G 그래프 보다는 더욱 부드러워졌고, F 이론값 아래로 그려져 있다. F 추정선이 F 이론선($F_{pois}(r)$)보다 아래인 것은 F 추정선을 형성하는 임의의 점들 및 관측점들이 CSR/IRP의 랜덤점들 보다는 더 분산되어 있다는 것인데, 이는 관측점들이 군집되어 있어 추가된 임의의 점들에 의해 전체 분포가 분산된 것으로 계산된 것이다. 만약 관측점들이 규칙적으로 분산되어 있다면 임의의 점들을 추가하였을 때 상대적으로 짧은 거리의 최근린 점들을 다수 갖게 되어 F 추정선이 F 이론선 보다 위에 있어야 한다.

K 함수는 거리에 따른 평균 점의 수를 점 밀도로 나눈 값으로 각 점으로부터 모든 이웃에 대한 값들을 고려하여 K 함수는 Kest( )로 계산할 수 있다. [단, 점의 수가 많으면 연산에 많은 시간이 소요됨을 유의하자.] plot( )에서 legendargs에 대해 cex는 범례의 크기와 관계가 있고 inset(그래프와의 간격, 범례의 윗 간격)은 범례의 위치와 관계가 있다.

```
> K <- Kest(sbuck.km)
```

```
> plot(K, main=NULL, las=1, legendargs=list(cex=0.8, xpd=TRUE, inset=c(1.01, 0) ))
```

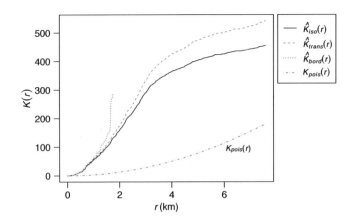

그림은 선택한 에지 보정(edge correction)에 따라 K의 다른 추정치를 반환한다. 기본적으로 isotropic, translate 및 border 보정(correction)이 구현된다. 이러한 에지 보정의 다양한 옵션을 확인하기 위해 ?Kest를 사용하면 된다. 그래프에서 $K_{pois}(r)$는 거리에 따른 완전 CSR/IRS 분포일 때의 K 값을 나타낸다. 규칙적인 분포는 $K_{pois}(r)$ 보다 낮은 K 추정값을 갖게 되어 아래쪽에 그려지고 군집되는 분포는 $K_{pois}(r)$보다 높은 추정값을 갖게 되어 위쪽에 그려진다.

L 함수는 Lest( )를 이용하여 계산한다. [L 함수 역시 점이 많으면 각 점에서 다른 모든 점과의 연산을 수행하므로 K 함수와 유사하게 연산에 많은 시간이 소요됨을 유의하자.]

```
> L <- Lest(sbuck.km, main=NULL)
> plot(L, main=NULL, las=1, legendargs=list(cex=0.8, xpd=TRUE, inset=c(1.01, 0) ))
```

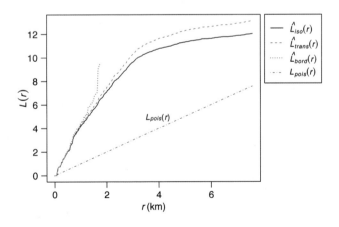

L 추정값을 수평선으로 만들면 보다 해석이 용이하다. L 이론선($L_{pois}(r)$−r인 0 값의 수평선 위쪽에 L 추정선이 있으면 군집을 나타내고 그 아래쪽에 L 추정선이 있으면 규칙적인 분산을 나타낸다.

```
> plot(L, . -r ~ r, main=NULL, las=1, legendargs=list(cex=0.8, xpd=TRUE, inset=c(1.01, 0) ))
```

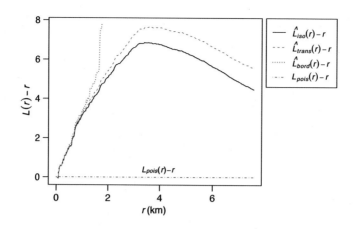

그림에서 L 값이 0인 수평선 위쪽에 L 추정선이 있으므로 서울시의 스타벅스 커피숍은 군집을 나타내고 있다.

7.4.7 거리기반 함수 비교

거리기반 함수를 비교하기 위해 랜덤분포, 군집분포, 규칙분포를 생성하고 각 분포에 대해 거리기반 함수를 비교할 수 있다.

```
#Random 본포 생성
> x1<-matrix(runif(50))
> y1<-matrix(runif(50))
> xa<-ppp(x1,y1)
> plot(xa)
```

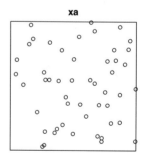

```
#cluster 본포 생성
> y2<-matrix(rnorm(50, mean=0.5, sd=0.1))
> x2<-matrix(rnorm(50, mean=0.5, sd=0.1))
> xb<-ppp(x2,y2)
> plot(xb)
```

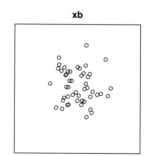

#regular 분포 생성

```
> x3<-matrix(c(0.1,      0.24,    0.38,    0.52,    0.66,    0.8,     0.94,
+ 0.1,    0.24,    0.38,    0.52,    0.66,    0.8,     0.94,
+ 0.1,    0.24,    0.38,    0.52,    0.66,    0.8,     0.94,
+ 0.1,    0.24,    0.38,    0.52,    0.66,    0.8,     0.94,
+ 0.1,    0.24,    0.38,    0.52,    0.66,    0.8,     0.94,
+ 0.1,    0.24,    0.38,    0.52,    0.66,    0.8,     0.94,
+ 0.1,    0.24,    0.38,    0.52,    0.66,    0.8,     0.94))
> y3<-matrix(c(0.1,      0.1,     0.1,     0.1,     0.1,     0.1,     0.1,
+ 0.24, 0.24,    0.24,    0.24,    0.24,    0.24,    0.24,
+ 0.38, 0.38,    0.38,    0.38,    0.38,    0.38,    0.38,
+ 0.52, 0.52,    0.52,    0.52,    0.52,    0.52,    0.52,
+ 0.66, 0.66,    0.66,    0.66,    0.66,    0.66,    0.66,
+ 0.8,  0.8,     0.8,     0.8,     0.8,     0.8,     0.8,
+ 0.94, 0.94,    0.94,    0.94,    0.94,    0.94,    0.94))
> xc<-ppp(x3,y3)
> plot(xc)

> Ga <- Gest(xa, main=NULL)
> plot(Ga, main=NULL, las=1, legendargs=list(cex=0.8, xpd=TRUE, inset=c(1.01, 0) ))
```

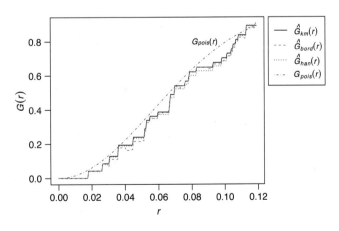

```
> Gb <- Gest(xb, main=NULL)
> plot(Gb, main=NULL, las=1, legendargs=list(cex=0.8, xpd=TRUE, inset=c(1.01, 0) ))
```

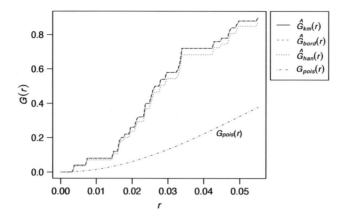

> Gc <- Gest(xc, main=NULL)

> plot(Gc, main=NULL, las=1, legendargs=list(cex=0.8, xpd=TRUE, inset=c(1.01, 0)))

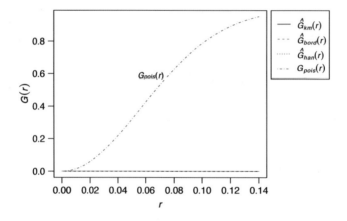

> Fa <- Fest(xa, main=NULL)

> plot(Fa, main=NULL, las=1, legendargs=list(cex=0.8, xpd=TRUE, inset=c(1.01, 0)))

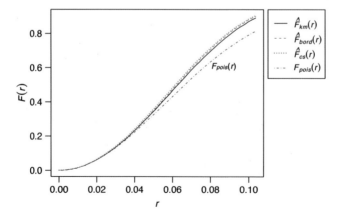

〉 Fb 〈- Fest(xb, main=NULL)

〉 plot(Fb, main=NULL, las=1, legendargs=list(cex=0.8, xpd=TRUE, inset=c(1.01, 0)))

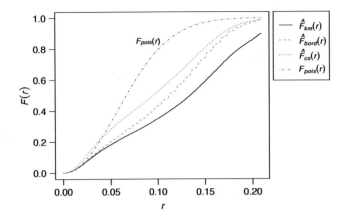

〉 Fc 〈- Fest(xc, main=NULL)

〉 plot(Fc, main=NULL, las=1, legendargs=list(cex=0.8, xpd=TRUE, inset=c(1.01, 0)))

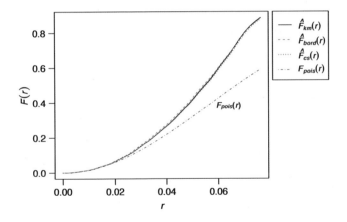

〉 Ka 〈- Kest(xa, main=NULL)

〉 plot(Ka, main=NULL, las=1, legendargs=list(cex=0.8, xpd=TRUE, inset=c(1.01, 0)))

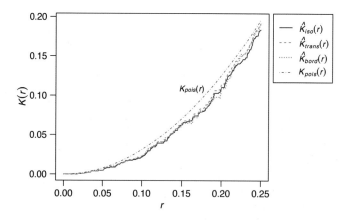

> Kb <- Kest(xb, main=NULL)

> plot(Kb, main=NULL, las=1, legendargs=list(cex=0.8, xpd=TRUE, inset=c(1.01, 0)))

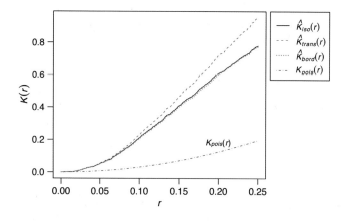

> Kc <- Kest(xc, main=NULL)

> plot(Kc, main=NULL, las=1, legendargs=list(cex=0.8, xpd=TRUE, inset=c(1.01, 0)))

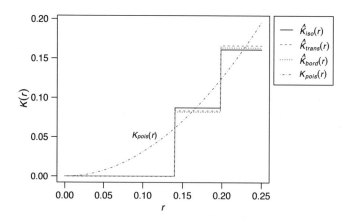

> La <- Lest(xa, main=NULL)

> plot(La, main=NULL, las=1, legendargs=list(cex=0.8, xpd=TRUE, inset=c(1.01, 0)))

> plot(La, . -r ~ r, main=NULL, las=1, legendargs=list(cex=0.8, xpd=TRUE, inset=c(1.01, 0)))

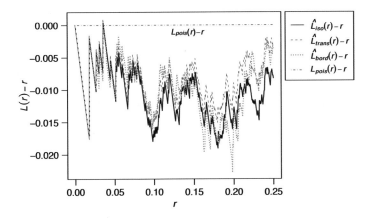

> Lb <- Lest(xb, main=NULL)

> plot(Lb, main=NULL, las=1, legendargs=list(cex=0.8, xpd=TRUE, inset=c(1.01, 0)))

> plot(Lb, . -r ~ r, main=NULL, las=1, legendargs=list(cex=0.8, xpd=TRUE, inset=c(1.01, 0)))

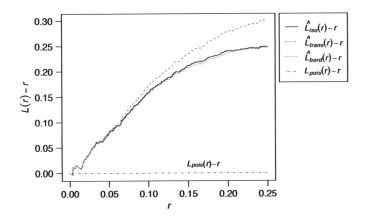

> Lc <- Lest(xc, main=NULL)

> plot(Lc, main=NULL, las=1, legendargs=list(cex=0.8, xpd=TRUE, inset=c(1.01, 0)))

> plot(Lc, . -r ~ r, main=NULL, las=1, legendargs=list(cex=0.8, xpd=TRUE, inset=c(1.01, 0)))

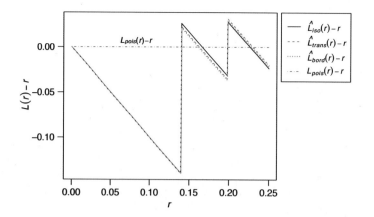

R을 이용한 공간정보 분석

8. 공간적 자기상관

8.1 공간적 자기상관 개념

공간적 자기상관 개념은 Waldo R. Tobler(1970)의 "모든 것은 다른 것들과 관계되어 있고, 특히 가까운 것은 멀리 있는 것보다 더 관계되어 있다"고 정의한 것에서 시작되었다.

공간 현상을 지도화하여 데이터로 구축한 공간데이터의 각 개체나 사상에는 좌표의 공간 데이터 뿐만 아니라 비공간적 속성 정보도 포함될 수 있다. 이러한 공간데이터의 특성을 파악하기 위해 자주 듣게 되는 질문 중의 하나는 특정 속성이 공간적으로 유사한 값을 가지고 군집하는지, 아니면 무작위로 분포되어 있거나, 분산되어 있는지를 묻는 것이다. 대부분 공간데이터의 경우 그 속성값의 분포 패턴이 어떤 것인지 쉽게 판단하기 어렵다. 따라서 Moran's I 와 같은 분포 유형을 판단할 수 있는 근거를 확인하여야 한다.

그림 8.1은 시군구의 인구 분포와 시군구에 0과 1사이의 임의의 소수를 생성한 후 각각 Quantile 분류에 의해 5개 클래스로 분류한 결과이다. 시군구의 인구 분포 그림에서 다수의 인구가 수도권과 경상남도 지역에 군집하고 있는 패턴을 확인할 수 있다. 시군구 임의의 소수 분포에서는 각 클래스 값들이 인구 분포에 비해 전국으로 상당히 분산되어 있음을 가시적으로 확인할 수 있다.

이와 같이 우리는 가시적으로 어떤 경우에는 군집된 영역과 군집되지 않은 영역을 구별할 수 있

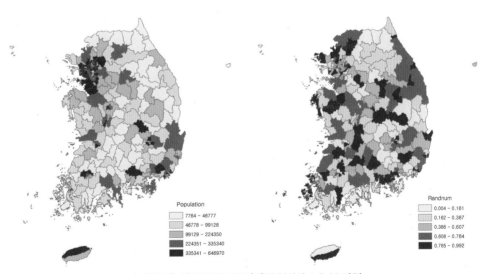

〈그림 8.1〉 시군구 인구 분포(좌)와 임의의 소수 분포(우)

지만, 공간 데이터에 있어서 그 구별은 대부분 명확하지 않을 수도 있다. 따라서 우리는 특정 현상이 공간적으로 군집하고 있는지와 그 군집하는 정도를 정량화하기 위한 객관적인 접근법이 필요하다. 이를 위해 사용할 수 있는 객관적인 방법이 바로 Moran's I 테스트이다.

8.2 전역적 Moran's I

먼저 시군구의 인구 분포를 Quantile 분류에 의해 5개 클래스로 분류한 결과를 사례로 살펴보자. Quantile 분류는 클래스별로 비슷한 숫자의 관측 빈도가 포함될 수 있도록 급간을 설정하는 것으로 그림 8.2에서 클래스별 색상이 지역별로 군집되어 있음을 확인 할 수 있다. 이러한 군집성을 확인하기 위하여 Moran's I 계수를 사용할 수 있다. 클래스별 인구 범위는 범례를 통해 확인할 수 있다.

그림 8.2를 그리기 위해 우선 readOGR을 사용해 시군구 데이터를 불러와야 한다. 이때 아래와 같이 readOGR 함수를 사용하면 칼럼 중 long integer로 저장된 칼럼은 문자로 변환("Integer64 fields read as strings: sgg_code Pop")되어 입력된다. 이렇게 되면 다음 코드에서 Pop 칼럼이 문자로 인식되어 입력되므로 인구수를 이용한 연산을 수행할 수 없게 된다.

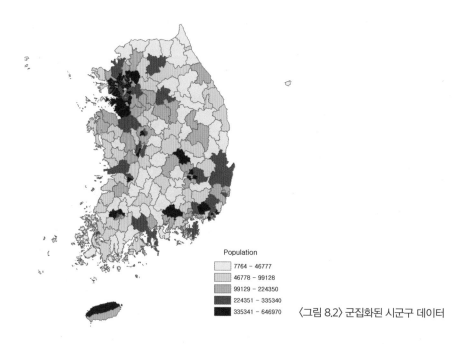

Population

	7764 – 46777
	46778 – 99128
	99129 – 224350
	224351 – 335340
	335341 – 646970

〈그림 8.2〉 군집화된 시군구 데이터

```
# 시군구 Shapefile 입력하기
> sgg <- readOGR(dsn = "c:/RSpatial/ch8/sgg2010.shp")
## OGR data source with driver: ESRI Shapefile
## Source: "c:\RSpatial\ch8\sgg2010.shp", layer: "sgg2010"
## with 251 features
## It has 5 fields
## Integer64 fields read as strings: sgg_code Pop
```

readOGR 함수를 사용하여 Shapefile을 불러올 때 'integer64="allow.loss"' 옵션을 사용하면 long integer 칼럼의 크기를 64bit에서 32bit로 변환하여 불러오기를 수행하게 되어 정수의 형식은 유지하게 된다. 다만, 32bit 보다 큰 정수에 대해서는 숫자의 손실이 발생하게 된다. 다음 코드에서 옵션을 통해 sgg-code와 Pop 칼럼이 32-bit 정수로 변환되어 입력되었음('Integer64 fields read as signed 32-bit integers: sgg_code Pop')을 확인할 수 있다.

```
# 64-bit 속성을 포함하는 Shapefile 입력하기
> sgg <- readOGR(dsn = "c:/RSpatial/ch8/sgg2010.shp", integer64="allow.loss")
## OGR data source with driver: ESRI Shapefile
## Source: "c:\RSpatial\ch8\sgg2010.shp", layer: "sgg2010"
## with 251 features
## It has 5 fields
## Integer64 fields read as signed 32-bit integers: sgg_code Pop
```

다음으로 각 폴리곤에 대한 이웃을 설정하고, 이웃에 대한 가중치를 설정한 다음 Moran's I를 계산한다. Moran's I 통계량은 변수(소득과 같은)와 그 주변 값 사이의 관계에 대한 상관 계수이다. 하지만 이 상관관계를 계산하기 전에, 우리는 이웃을 정의하는 방법을 생각해 낼 필요가 있다. 한 가지 접근방식은 이웃을 연속적인 폴리곤으로 정의하는 것이다. 예를 들어, 각 폴리곤에 대해 경계선을 공유하는 폴리곤, 경계점을 공유하는 폴리곤, 또는 폴리곤의 중심점을 기준으로 특정한 반경 거리에 포함되는 폴리곤 등으로 이웃을 설정할 수 있을 것이다. 다음 코드는 시군구 데이터에 대해 경계점을 공유하는 폴리곤을 이웃으로 설정하기 위해 'queen=TRUE' 옵션을 사용하는 사례를 보여준다. 특히 이웃 설정을 위해 poly2nd 함수를 사용하기 위해서는 spdep 라이브러리를 사용하여야 한다. 그런 다음 이웃에 대한 가중치를 동일하게 주고 합이 1이 되도록 하기 위해 'style="W"' 옵션을 사용하였고 이웃이 없는 폴리곤을 허용할 수 있도록 'zero.policy=TRUE' 옵션을 사용하였다.

```
# 이웃 설정
> nb <- poly2nb(sgg, queen=TRUE)
# 가중치 설정
> lw <- nb2listw(nb, style="W", zero.policy=TRUE)
```

분석을 위한 이웃을 정의한 후 가중치를 설정한 다음 각 이웃 폴리곤 값들을 평균값으로 계산하여 요약한다. 이 요약된 이웃 값을 후행 값(Xlag) 또는 거리 지체 값(spatially lagged values)이라고 부르기도 한다. 다음 코드에서는 앞서 선택한 이웃을 바탕으로 각 시군구에 대한 평균 이웃 인구 값(pop.lag)을 계산한다. 마지막으로 각 폴리곤의 인구(pop.lag)와 거리 지체 인구(sgg$Pop)를 산포도(그림 8.3)로 표시하고 이 데이터에 선형 회귀 모형을 적합시키고 Moran's I 통계량을 계산한다. Moran's I 통계량은 두 데이터 세트(pop.lag vs. sgg$Pop) 사이에 가장 잘 맞는 최소 제곱 회귀선의 기울기이다.

```
# 평균 이웃 인구 값 계산 및 산포도 표시
# Calculate spatial lagged value
> pop.lag <- lag.listw(lw, sgg$Pop)
# Create a regression model
> M <- lm(pop.lag ~ sgg$Pop)
# Plot the data
> plot(pop.lag ~ sgg$Pop, pch=20, asp=1, las=1) //산포도 그리기
> abline(M, col="blue") //회귀선 그리기
```

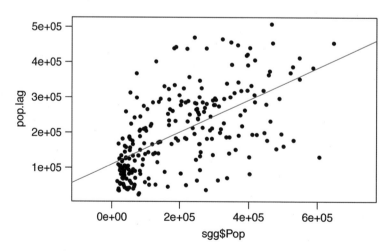

〈그림 8.3〉 인구(sgg$Pop)와 거리 지체 인구(pop.lag)의 산포도

회귀선의 기울기를 계산하면 다음 코드와 같다.

```
# 회귀선 기울기
) coef(M)[2]
## sgg$Pop
## 0.4539665
```

위 코드에서 시군구의 인구수와 이웃 인구평균 과의 관계가 없는 경우 경사는 평형에 가깝다. 즉 Moran's I 계수가 0에 가까워진다. 위 사례에서 Moran's I 값은 회귀선의 기울기인 0.454에 가까워 진다. 그렇다면 이 Moran's I 값은 얼마나 0과 다른가에 대한 검증이 필요할 것이다. 이렇게 Moran's I 계수의 유의성을 검증하는 데에는 분석적 방법과 몬테카를로 시뮬레이션 방법이라는 두 가지 접근방식이 있다. 분석적 방법은 데이터의 분포에 대한 제한적인 가정이 필요하므로 각 폴리곤 데이터에 대해 가정을 하지 않는 몬테카를로 시뮬레이션 방법이 선호된다.

8.2.1 유의성 추정을 위한 분석적 방법

첫 번째 방법인 분석적 방법을 사용하기 위해 moran.test( ) 함수를 사용하여 Moran'I 계산과 유의성 검증을 동시에 실시할 수 있다. 그림 8.2의 시군구 인구 데이터는 다음 코드에서 확인할 수 있듯이 Moran's I 값이 0.4433이고 이 값의 p-value가 2.2e-16(유의수준 0.00..2%)이므로, 인구 데이터의 Moran's I 값이 0과 다르지 않다는 귀무가설을 99% 신뢰수준에서 기각하여, Moran's I 값이 유의함을 확인할 수 있다. 따라서 시군구 인구 데이터는 양의 군집을 나타냄을 확인할 수 있다.

```
# 시군구 인구분포에 대한 Moran's I 계산
# Moran's I 계산 및 유의성 검증
) moran.test(sgg$Pop, lw, zero.policy=TRUE)
##      Moran I test under randomisation
## data: sgg$Pop
## weights: lw n reduced by no-neighbour observations
## Moran I statistic standard deviate = 10.108, p-value < 2.2e-16
## alternative hypothesis: greater
## sample estimates:
## Moran I statistic Expectation Variance
0.443341047 -0.004115226 0.001959743
```

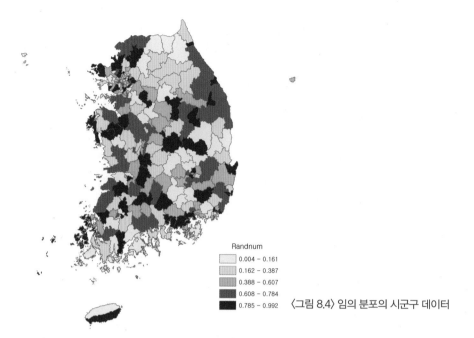

Randnum
0.004 - 0.161
0.162 - 0.387
0.388 - 0.607
0.608 - 0.784
0.785 - 0.992

〈그림 8.4〉 임의 분포의 시군구 데이터

그림 8.4의 임의 분포의 시군구 데이터에 대해 다음 코드와 같이 Moran's I 계수 값을 계산하고 통계적 유의성을 확인할 수 있다. 아래 코드에서 시군구 임의의 소수 데이터의 Moran's I 값은 0.026이고 이 값의 p-value가 0.2483(유의수준 24.83%)이므로, 소수 데이터의 Moran's I 값이 0과 다르지 않다는 귀무가설을 기각하지 못하였다. 따라서 시군구 소수 데이터는 군집분포를 나타내지 않음을 확인할 수 있다.

```
# 시군구 랜덤분포에 대한 Moran's I 계산
> moran.test(sgg$Randnum, lw, zero.policy=TRUE)
##      Moran I test under randomisation
## data: sgg$Randnum
## weights: lw n reduced by no-neighbour observations
## Moran I statistic standard deviate = 0.67985, p-value = 0.2483
## alternative hypothesis: greater
## sample estimates:
## Moran I statistic Expectation Variance
## 0.026027504 -0.004115226 0.001965773
```

8.2.2 유의성 추정을 위한 몬테카를로(Monte-Carlo) 방법

몬테카를로 시험(무작위 반복 추출 시험)에서 속성 값은 데이터 세트의 폴리곤에 랜덤하게 할당되고 속성 값의 추출마다 Moran's I 값이 계산된다. 결과물은 속성 값이 연구 영역 전체에 랜덤하게 분포할 때에 대한 Moran's I 값의 표본분포가 된다. 그런 다음 관찰된 Moran's I 값을 이 표본분포와 비교하여 유사하면 관찰된 분포가 랜덤분포가 되는 것이고 상당한 차이가 있다면 Moran's I 계수가 통계적으로 유의한 것이다.

기울기가 0과 유의하게 다른지 평가하기 위해 모든 시군구에서 인구수를 임의로 산출한 다음 회귀 모형을 각 산출된 값의 집합에 적합시킬 수 있다. 회귀의 기울기 값은 인구수가 시군구에 랜덤하게 분포되어 있다는 귀무가설 하에서 얻을 수 있는 모의 Moran's I 값의 분포를 주며, 그런 다음 관찰된 Moran's I 값을 이 분포와 비교하기 위하여 다음 코드의 과정을 수행하면 된다.

```
# 모의 Moran's I 값 히스토그램 그리기
> n <- 999L # Define the number of simulations
> I.r <- vector(length=n) # Create an empty vector
> for (i in 1:n){
    # Randomly shuffle population values
    x <- sample(sgg$Pop, replace=FALSE)
    # Compute new set of lagged values
    x.lag <- lag.listw(lw, x)
    # Compute the regression slope and store its value
    M.r <- lm(x.lag ~ x)
    I.r[i] <- coef(M.r)[2]
}
# Moran's I 값 히스토그램 그리기
> hist(I.r, main=NULL, xlab="Moran's I", las=1)
> abline(v=coef(M)[2], col="red")
```

시뮬레이션 결과 그래프(그림 8.5)를 보면 공간적 자기상관 관계가 없다면 얻게 될 시군구 인구수 분포에 대한 Moran's I 값의 분포가 최대 0.15까지 분포하고 있음을 확인할 수 있다. 우리가 관찰한 시군구 인구수 분포의 Moran's I 값(0.443341047)과 큰 차이가 있음을 보여 준다. 다음 단계에서 이 시뮬레이션에서의 유사(pseudo) p-value를 계산해 보자.

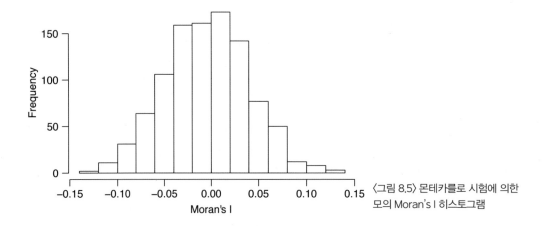

〈그림 8.5〉 몬테카를로 시험에 의한 모의 Moran's I 히스토그램

먼저, 우리가 관찰한 Moran's I 값보다 더 큰 시뮬레이션 된 모의 Moran's I 값의 수를 확인한다. 다음 식 8.1을 이용하여 p 값을 계산할 수 있다.

$$P = \frac{N_{extreme} + 1}{N + 1}$$

식 8.1

여기서 $N_{extreme}$ 은 우리가 관측한 통계량보다 더 극단적으로 시뮬레이션한 Moran's I 값의 수이고 N은 시뮬레이션의 총 횟수이다.

그림 8.5 그래프에서 보면 999개의 시뮬레이션 중 단 하나의 시뮬레이션 결과도 관측된 Moran's I 값(0.443) 보다 오른쪽에 존재하는 값이 없으므로 $N_{extreme}$=0이 되고 p는 (0+1)/(999+1)=0.001로 계산된다. 이는 "모의 Moran's I와 관측된 Moran's I 사이에 유의한 차이가 없다"는 귀무가설 H0를 99.9% 신뢰수준(p-value 0.001)에서 기각할 수 있다는 것이다. 계산 결과는 다음 코드를 통해 확인할 수 있다.

```
# 몬테카를로 모의 대비 관측된 Moran's I 값의 유의확률 p 값 계산
> N.greater <- sum(coef(M)[2] > I.r)
> N.greater
## [1] 999
> p <- min(N.greater + 1, n + 1 - N.greater) / (n + 1)
> p
## [1] 0.001
```

다음과 같이 Moran's I를 계산하면서 동시에 Moran's I 계수 값의 통계적 유의성을 확인하기 위해 몬테카를로 시뮬레이션을 포함한 moran.mc( ) 함수를 사용할 수 있다. 다음 코드에서 시군구 인구 데이터의 Moran's I 값은 0.443이고 이 값의 p-value가 0.001667(유의수준 0.17%)이므로, 인구 데이터의 Moran's I 값이 0과 다르지 않다는 귀무가설을 99% 신뢰수준에서 기각하여, Moran's I 값이 유의함을 확인할 수 있다. 따라서 시군구 인구 데이터는 양의 군집을 나타내는 것이다.

```
# 시군구 인구 데이터에 대한 몬테카를로 유의성 검증
# Moran's I 계산 및 몬테카를로 유의성 검증
> MC <- moran.mc(sgg$Pop, lw, nsim=599, zero.policy=TRUE)
> MC
##      Monte-Carlo simulation of Moran I
## data: sgg$Pop
## weights: lw
## number of simulations + 1: 600
## statistic = 0.44334, observed rank = 600, p-value = 0.001667
## alternative hypothesis: greater
```

시군구에 대한 임의의 소수 분포에 대해서도 다음 코드와 같이 Moran's I 계수 값을 계산하고 통계적 유의성을 확인하기 위해 몬테카를로 시뮬레이션을 사용할 수 있다. 아래 표 8.11에서 시군구 인구 데이터의 Moran's I 값은 0.026이고 이 값의 p-value가 0.2217(유의수준 22.17%)이므로, 소수 데이터의 Moran's I 값이 0과 다르지 않다는 귀무가설을 기각하지 못한다.

```
# 시군구 임의 데이터에 대한 몬테카를로 유의성 검증
> MC<- moran.mc(sgg$Randnum, lw, nsim=599, zero.policy=TRUE)
> MC
##      Monte-Carlo simulation of Moran I
## data: sgg$Randnum
## weights: lw
## number of simulations + 1: 600
## statistic = 0.026028, observed rank = 467, p-value = 0.2217
## alternative hypothesis: greater
```

8.2.3 밴드 폭(거리)에 따른 Moran's I

지금까지 우리는 각 폴리곤이 주변에 있는 폴리곤과 경계를 공유하거나 경계점을 공유하는 것을 이웃으로 정의하여 이웃에 대한 공간적 자기상관 관계를 살펴보았다. 이외에도 거리 함수를 이용하여 공간적 자기상관의 범위를 설정하는 방법을 사용할 수 있다. 이렇게 거리 함수를 이용해 이웃을 정하고 이를 바탕으로 공간적 자기상관 관계를 계산하기 위해서는 우선 폴리곤 데이터를 점 데이터로 변환한 후 이웃을 포함할 수 있는 거리 간격 또는 밴드를 설정하고 이에 대한 지연(lagged) 값을 계산하게 된다. 이웃에 포함되는 모든 폴리곤의 지연값을 계산하고 이를 이용하여 자기상관 계수를 계산하게 된다. 밴드를 다르게 하면서 지연 값과 이를 통한 Moran's I 값을 계산해 보면 거리에 따른 자기상관 관계의 변화를 확인 할 수 있을 것이다. 이러한 유형의 분석을 위한 단계는 다음과 같이 간단하다.

첫째, 거리 기반의 밴드 폭을 다음과 같이 설정한다. (예, 25부터 50km 간격으로 여러 개의 밴드 설정)

```
# 밴드 폭 설정
// 폴리곤으로부터 중심좌표 추출
> coords <- coordinates(sgg)
// 밴드 폭을 25km로 설정, dnearneigh( )는 library(spdep) 필요
> S.dist <- dnearneigh(coords, 0, 25000)
```

둘째, 정의된 밴드 범위에 포함되는 이웃 집합에 대해 다음 코드와 같이 지연 값을 계산한다.

```
# 이웃 지연 값 계산
// 검색 후 이웃으로 설정되는 폴리곤 추출 및 이웃 지연 값 계산
> lw <- nb2listw(S.dist, style="W", zero.policy=T)
```

셋째, 이 이웃집들을 이용하여 Moran's I값을 계산하고 몬테카를로 시험을 실행한다.

```
# Moran's I 계산
// Moran's I와 몬테카를로 시험 실행
> MI25 <- moran.mc(sgg$Pop, lw, nsim=599, zero.policy=T)
```

넷째, Moran's I와 몬테카를로 시험 결과를 확인한다.

```
# 몬테카를로 시험 결과 확인
// Moran's I와 몬테카를로 시험 결과 그리기
> plot(MI25, main="", las=1)
```

// Moran's I와 몬테카를로 시험 결과 p-value 및 기타 요약 통계

〉MI25

전국의 시군구 인구수에 대해 25km 밴드 폭으로 이웃을 설정하고 자기상관 관계를 분석한 결과 Moran's I 계수는 0.364이다(그림 8.6). 또한 몬테카를로 시험 결과 p-value는 0.0017로 99% 신뢰 수준에서 군집을 나타냄을 확인할 수 있다.

다섯째, 다음 코드와 같이 밴드 범위를 바꾸어 가면서 다른 이웃 집합에 대해 1단계~ 3단계를 반복하자.

```
# 75km 밴드 이용 Moran's I 계산
〉S.dist 〈- dnearneigh(coords, 0, 75000)
〉lw 〈- nb2listw(S.dist, style="W", zero.policy=T)
〉MI75 〈- moran.mc(sgg$Pop, lw, nsim=599, zero.policy=T)
〉MI75
```

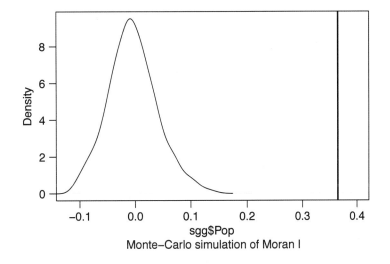

```
> MI25

        Monte-Carlo simulation of Moran I

data:  sgg$Pop
weights: lw
number of simulations + 1: 600

statistic = 0.36447, observed rank = 600, p-value = 0.001667
alternative hypothesis: greater
```

〈그림 8.6〉 25km 밴드 사용 Moran's I 값에 대한 몬테카를로 시험 결과

〈표 8.1〉 밴드 크기에 따른 시군구 인구분포의 Moran's I 값

Distance	25	75	125	175	225	275	325	375
Moran's I	0.364	0.276	0.156	0.076	0.0198	−0.0042	−0.0072	−0.0111
P−value	0.0017	0.0017	0.0017	0.0017	0.0017	0.4633	0.9867	0.9983

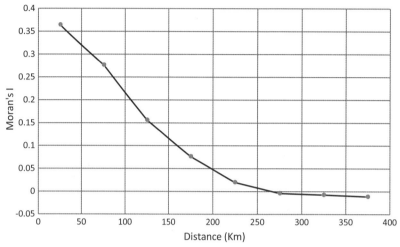

〈그림 8.7〉 밴드 폭 증가에 따른 Moran's I 값 변화

위 과정을 통해 우리나라 시군구 인구수 데이터에 대해 25km 부터 50km 간격으로 밴드를 확장하면서 계산한 인구의 군집성 Moran's I 값은 다음 표 8.1과 같다.

표 8.1은 25km 이내에서는 군집에 대해 유의한 공간적 자기상관 관계가 있음을 시사하지만, 밴드 폭(거리)이 증가함에 따라, 시군구 군집의 자기상관 관계가 양수에서 음수(−)로 변화하여 더 먼 거리에서는 시군구에 다른 경향이 있다는 것을 나타낸다.

8.3 국지적 Moran's I

우리는 전역적(Global) Moran's I를 구성요소로 분해할 수 있으며, "핫 스팟"과 "콜드 스팟" 지도와 같은 자기 상관의 국지적 척도를 구성할 수 있다. 이를 국지적(Local) Moran's I 라고 한다. 우리의 시군구 사례에서 Local Moran's I를 실행하기 위해 다음 코드를 사용하면 된다.

```
# 시군구 인구에 대한 Local Moran'I 실행
〉 S.dist <- dnearneigh(coords, 0, 25000) // 밴드 폰 설정
```

```
〉 lw 〈- nb2listw(S.dist, style="W", zero.policy=T) // 이웃 설정
// local moran's I 실행
〉 lom 〈- localmoran(sgg$Pop, lw, zero.policy=T)
〉 lom // 결과 확인
li E.li Var.li Z.li Pr(z 〉 0)
## 1 -2.591855e-01 -0.004 0.01979118 -1.813928467 9.651556e-01
## 2 -5.022807e-01 -0.004 0.01923866 -3.592416274 9.998362e-01
## 3 2.300422e-01 -0.004 0.01772526 1.757915146 3.938097e-02
## 4 7.069146e-01 -0.004 0.02037064 4.980983169 3.163102e-07
## ..
```

위 코드의 시군구 데이터에 대한 Local Moran's I 값 결과에서 li, E.li, Var.li, Z.li, Pr(z〉0)는 각각 Local Moran's I 통계, I 통계의 기댓값, I 통계의 분산, I 통계의 표준편차, I 통계의 p-value 이다. 위의 시군구 사례에서 4번 군의 경우 Local Moran's I 통계값은 0.707 이며 유의 수준은 0.00000031로 99% 신뢰수준에서 국지적 군집을 확인할 수 있다.

Local Moran's I 값은 개별지역에 대해 이웃과의 관계 특성을 살펴볼 수 있게 한다. Local Moran's I 계수가 양수(+) 값이면 특정 지역과 그 이웃이 유사한 경향을 갖는 것이고 음수(-) 값이면 해당 지역과 그 이웃이 반대의 경향을 갖는 것이다. 유사한 경향은 특정 지역과 이웃의 값이 모두 높은 경우(High-High: HH)이거나 모두 낮은 경우(Low-Low: LL)이며, 반대의 경향은 특정 지역은 높고 이웃은 낮은 경우(High-Low: HL)이거나 특정 지역은 낮은데 이웃은 높은 경우(Low-High: LH)이다. 따라서 각 지역의 Local Moran's I 값과 해당지역의 관측값의 표준화된 값을 살펴보면 각 지역의 군집특성을 확인할 수 있게 된다.

우리의 시군구 인구 사례에 대한 Local Moran's I 계수를 표준화된 인구수와 비교하기 위해 산포도를 그리려면 다음 코드와 같이 진행하면 된다. 그 결과는 그림 8.8과 같다.

```
# Local Moran's I 계수를 표준화된 인구수와 비교하기 위한 산포도 그리기
// Moran's I 값과 표준화된 인구수 값으로 데이터 프레임 구성
〉 pr = data.frame(cbind(lom[,1],(sgg$Pop-mean(sgg$Pop))/sd(sgg$Pop)))
// 산포도 그리기
〉 plot(pr, xlab="Moran's I", ylab="Standardised Pop", xlim=c(-0.5,2.5), pch=19)
〉 abline(h=0, col="red") // 수평기준선 그리기
```

```
> abline(v=0, col="red") // 수직기준선 그리기
> title("Plot: Local Moran's I") // 제목 넣기
> mtext(side=3,"- sigungu population -")
> text(pr[,1],pr[,2],pos=1,sgg$sgg_code,cex=0.6) // label 붙이기
```

그림 8.8에서 Moran's I 값 0인 세로 선과 표준 인구수 값이 0인 가로 선을 기준으로 Moran's I 값이 0보다 크고 표준화된 인구수가 0보다 많은 우상단의 지역들은 이웃과 속성이 유사하고 인구수가 많은 지역이므로 HH 지역에 해당한다. I 값이 0보다 크지만 표준화된 인구수가 0보다 작은 우하단 지역은 이웃과 속성은 유사한데 인구수가 낮은 지역이므로 LL 지역에 해당한다. I 값이 0보다 작은데 표준화된 인구수가 0보다 큰 좌상단 지역은 이웃과 속성은 반대인데 인구수가 많은 지역이므로 HL 지역에 해당한다. I 값이 0보다 작은데 표준화된 인구수도 0보다 작은 지역은 좌하단 지역은 이웃과 속성이 반대인데 인구수도 작은 지역이므로 LH 지역에 해당한다.

시군구 인구수에 대해 ArcMap에서 밴드 폭을 각각 75km와 125km로 설정하고 수행한 Local Moran's I 분석 결과는 그림 8.9와 같다. 밴드 폭을 넓히면 보다 주변 지역을 이웃으로 고려할 수 있게 되어 상대적으로 많은 지역에 대해 군집 경향을 분석할 수 있게 되는 것을 확인할 수 있다. 그림 8.8의 그래프와 그림 8.9의 분포를 비교해 보고 시군구 인구의 군집 경향을 파악해 보자.

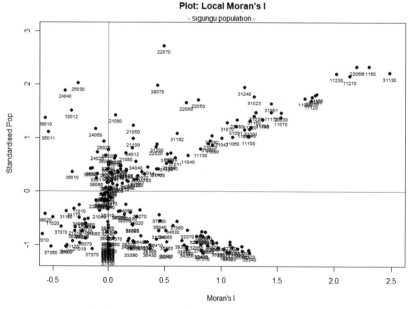

〈그림 8.8〉 Local Moran's I 계수와 표준화된 인구수의 비교

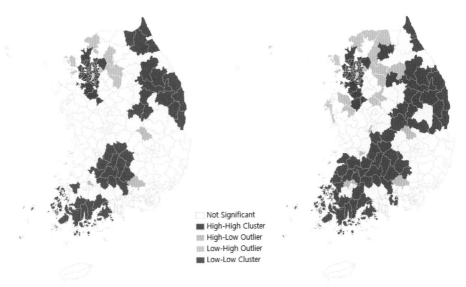

Not Significant
High-High Cluster
High-Low Outlier
Low-High Outlier
Low-Low Cluster

〈그림 8.9〉 75km 밴드 폭(좌)과 125km 밴드 폭(우)을 사용한 Local Moran's I 결과

8.4 R을 이용한 공간적 자기상관 실습

RStudio를 실행한다. 실습 디렉토리(ch8)에 있는 데이터를 확인하자. 실습 폴드에 있는 데이터는 다음과 같다.

Seoul: 2012년 서울의 행정구별 10세 미만 아동인구 및 65세 이상 노인인구를 나타내는 폴리곤 레이어 이다.

Sido2012: 우리나라 전국 시도별 2018년 가계소득을 나타내는 폴리곤 레이어이다.

8.4.1 데이터 불러오기

외부 데이터를 불러오기 위해서는 다음 라이브러리를 실행하여야 한다. 만약 해당 라이브러리가 없다면 RStudio의 Tools | install Packages... 를 이용하여 패키지를 인스톨한 후 실행하면 된다. [만약, 설치시 "00LOCK" 관련 오류가 발생하면, 해당 경로에 가서 00LOCK 폴더를 삭제한 후 자시 설치하면 될 것이다.]

다음과 같은 순서로 ch8 폴더에 있는 데이터를 불러오자.

```
> library(rgdal) #readOGR( ) 에 사용
> library(maptools)
```

> library(sp)

readOGR 함수를 이용하여 shapefile을 SpatialPolygonsDataFrame 벡터 클래스로 불러들이게 된다. 이 클래스는 좌표계 정보를 포함하고 있기 때문에 Shapefile에 *.prj라는 좌표계 정보가 있어야 한다. 경로는 여러분들의 설치 경로에 맞게 수정해야 한다.

```
# shapefile 불러오기
> sidoincome <- readOGR(dsn = "c:/RSpatial/ch8/Sido2012.shp")

# 불러오기한 전국 시도 2018년 연평균 가구소득 데이터의 요약 내용을 확인할 수 있다.
> summary(sidoincome)
## Object of class SpatialPolygonsDataFrame
## Coordinates:
##        min       max
## x -9873.885 632424.8
## y -41660.388 568227.9
## Is projected: TRUE
## proj4string :
## [+proj=tmerc +lat_0=38 +lon_0=127 +k=1 +x_0=200000
## +y_0=500000 +ellps=GRS80 +units=m +no_defs]
## Data attributes:
## …
##            Sido        Income
## Busan         :1   Min.    :4777
## Chungcheongbukdo: 1 1st Qu.:4995
## Chungcheongnamdo : 1 Median :5246
## Daegu          :1 Mean    :5450
## Daejeon         :1 3rd Qu.:5535
## Incheon         :1 Max.    :6871
## (Other)         :11
```

공간 객체 sidoincome에는 우리나라 17개 시도의 가구별 2018년 소득(만원 단위)이 포함되어 있다.

FID	Shape	SIDO_N	COUNT	Sido	Income
0	Polygon	강원도	18	Kangwondo	4816
1	Polygon	경기도	31	Kyunggido	6319
2	Polygon	경상남도	18	Kyungsangnamdo	5095
3	Polygon	경상북도	23	Kyungsangbukdo	5054
4	Polygon	광주광역시	5	Kwangju	5409
5	Polygon	대구광역시	8	Daegu	5350
6	Polygon	대전광역시	5	Daejeon	5308
7	Polygon	부산광역시	16	Busan	4995
8	Polygon	서울특별시	25	Seoul	6493
9	Polygon	세종특별자치시	1	Sejong	6871
10	Polygon	울산광역시	5	Ulsan	6580
11	Polygon	인천광역시	10	Incheon	5535
12	Polygon	전라남도	22	Jeonranamdo	4777
13	Polygon	전라북도	14	Jeonrabukdo	4860
14	Polygon	제주특별자치도	2	Jejudo	5124
15	Polygon	충청남도	15	Chungcheongnamdo	5246
16	Polygon	충청북도	12	Chungcheongbukdo	4826

소득에 대해 Quantile 분류체계를 사용하여 소득 분포를 지도화해 보자. 이를 위해 tmap 패키지를 이용할 것이다. 만약 tmap 패키지가 인스톨 되어 있지 않아 에러가 발생하면, RStudio의 Tools/Install Package..를 이용하여 인스톨 한 후 실행한다.

```
> library(tmap)
> tm_shape(sidoincome) + tm_polygons(style="quantile", col = "Income") +tm_legend(outside = TRUE, text.size = .8)
```

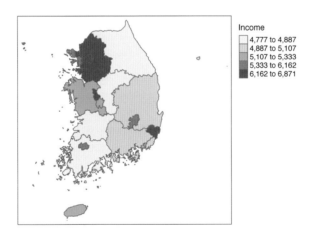

8.4.2 이웃 폴리곤 정의

공간적 자기상관을 계산하기 위한 첫 번째 단계는 "이웃"에 해당하는 폴리곤을 정의하는 것이다. 이것은 일정한 거리(bandwith) 내의 연속적인 폴리곤을 지칭할 수도 있고, 비공간적인 사회적, 정치적 또는 문화적 "이웃" 개념으로 정의될 수도 있을 것이다.

본 실습에서는 전국의 시도 가구소득 공간데이터를 사용하므로, 최소한 하나의 정점(vertex)을 공유하는 연속적인 폴리곤에 대하여 연속적인 이웃으로 채택할 것이다(이것은 "queen" 케이스이며 매개변수 Queen=TRUE로 설정하여 정의된다). 만약 이웃을 적어도 하나의 경계선(edge)을 폴리곤 간에 공유하도록 정의한다면, Queen=FALSE로 설정(rook의 경우가 됨)하여 가장자리를 공유하는 폴리곤들만 이웃으로 설정해야 한다.

이 연습에 사용된 spdep 패키지는 SpatialPoints 및 SpatialPolygons 클래스를 포함한 sp 객체를 이용한다. spdep 라이브러리가 없다면 에러가 발생하며 인스톨 후 다시 실행한다.

```
〉 library(spdep)
〉 nb 〈- poly2nb(sidoincome, queen=TRUE)
```

이제 전국 시도 공간데이터의 각 폴리곤 객체에 대해 nb는 모든 이웃 폴리곤을 나열하게 된다. 예를 들어, 시도 클래스에서 첫 번째 폴리곤의 인접 폴리곤들을 보려면 다음을 입력해 보자.

```
〉 nb[[1]]
## [1] 2 4 17
```

폴리곤 1은 3개의 이웃을 가지고 있다. 숫자는 공간 객체 sidoincome 클래스에 저장된 폴리곤 ID를 나타낸다. 폴리곤 1은 Sido 이름이 Kangwondo 임을 확인할 수 있다.

```
〉 sidoincome$Sido[1]
## [1] Kangwondo
## 17 Levels: Busan Chungcheongbukdo … Ulsan
```

Kangwondo의 이웃 폴리곤인 2, 4, 7 번 폴리곤이 어디인지 다음과 같이 확인할 수 있다.

```
〉 sidoincome$Sido[c(2,4,7)]
## [1] Kyunggido Kyungsangbukdo Daejeon
## 17 Levels: Busan Chungcheongbukdo … Ulsan
```

8.4.3 가중치 부여

다음으로, 각각의 이웃 폴리곤에 가중치를 부여하여야 한다. 본 실습의 경우, 각각의 이웃 폴리곤에 동일한 가중치(style="W")가 할당될 것이다. 이것은 인접한 각 시도의 비율(1/이웃 수)을 가중치로 할당한다. 이웃의 가중치를 각 소득과 곱한 후 합산하면 해당 폴리곤의 추정치가 계산된다. 이것이 이웃의 가치를 요약하는 가장 직관적인 방법이지만, 대상 폴리곤의 가장자리를 따라 있는 폴리곤들은 크기가 다양하고 그 크기에 따라 값이 충분히 영향을 받을 수 있기 때문에 데이터에서 공간 자기상관의 진정한 특성을 과대평가하거나 과소 추정할 수 있다는 점에서 결점이 있다. 본 실습에서는 연습 목적을 위해 단순화하여 style="W" 옵션을 사용하지만, style="B"와 같은 강력한 옵션도 사용할 수 있다.

```
> lw <- nb2listw(nb, style="W", zero.policy=TRUE)
```

zero.policy=TRUE 옵션은 이웃이 없는 폴리곤에 대해 허용한다는 것이다. 그러나 사용자는 데이터 집합에서 이웃이 없는 폴리곤이 있는지를 인식하지 못할 수 있으므로 주의하여 사용해야 한다. 만약 이웃이 없는 폴리곤이 존재한다면 zero.policy=FALSE 옵션이 오류를 반환할 수 있다.

첫 번째 폴리곤의 세 이웃에 대한 가중치를 다음과 같이 확인해보자.

〈표 8.2〉 시도별 이웃 평균 소득 값

FID	Sido	Income	Inc.lag
1	Busan	4,995	5837.50
2	Chungcheongbukdo	4,826	5496.29
3	Chungcheongnamdo	5,246	5636.80
4	Daegu	5,350	5074.50
5	Daejeon	5,308	5036.00
6	Incheon	5,535	6406.00
7	Jejudo	5,124	NA
8	Jeonrabukdo	4,860	4999.60
9	Jeonranamdo	4,777	5121.33
10	Kangwondo	4,816	5399.67
11	Kwangju	5,409	4777.00
12	Kyunggido	6,319	5383.20
13	Kyungsangbukdo	5,054	5254.50
14	Kyungsangnamdo	5,095	5269.33
15	Sejong	6,871	5036.00
16	Seoul	6,493	5927.00
17	Ulsan	6,580	5048.00

```
> lw$weights[1]
## [[1]]
## [1] 0.3333333 0.3333333 0.3333333
```

각 이웃에게는 3분의 1의 가중치들이 할당되어 있다. 이것은 R이 이웃한 폴리곤의 평균 소득값을 계산할 때, 각 이웃의 소득을 0.3333333으로 곱한 후에 집계한다는 것을 의미한다.

8.4.4 거리 지체값(Lagged value) 계산

마지막으로 각 폴리곤의 평균 이웃 소득을 계산해 보자. 이러한 값을 흔히 거리 지체 값(spatially lagged values)이라고 한다.

```
> Inc.lag <- lag.listw(lw, sidoincome$Income)
> Inc.lag
## [1] 5399.667 5383.200 5269.333 5254.500 4777.000 5074.500
## [7] 5036.000 5837.500 5927.000 5036.000 5048.000 6406.000
```

[13] 5121.333 4999.600 NA 5636.800 5496.286

15번째 폴리곤은 제주도로 이웃이 없으므로 값이 계산되지 않는다. 표 8.2는 각 시도의 이웃 평균 소득 값(Inc.lag 객체에 저장됨)을 보여 준다.

8.4.5 Moran의 I 통계량 계산하기: 선형 회귀 모형 적합 방법

각 폴리곤의 소득과 거리 지체 소득을 산포도로 표시하고 이 데이터에 선형 회귀 모형을 적합시 킬 수 있다.

```
# Create a regression model
> M <- lm(Inc.lag ~ sidoincome$Income)
# Plot the data
> plot(Inc.lag ~ sidoincome$Income, pch=20, asp=1, las=1) //산포도 그리기
> abline(M, col="blue") //회귀선 그리기
```

회귀선의 기울기는 Moran's I의 계수이다.

```
> coef(M)[2]
## sidoincome$Income
## 0.006915228
```

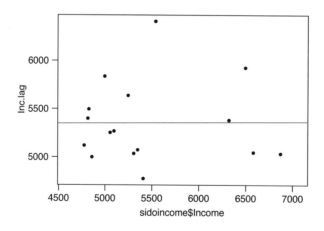

8.4.6 MC(몬테카를로) 시뮬레이션을 통해 유사 p-value 계산

기울기가 0과 유의하게 다른지 평가하기 위해 모든 시도에서 소득값을 임의로 산출한 다음(즉,

공간적 자기상관 구조를 부과하지 않음) 회귀 모형을 각 산출된 값의 집합에 적합시킬 수 있다. 회귀식의 기울기 값은 소득 값이 시도에 랜덤하게 분포되어 있다는 귀무가설 하에서 얻을 수 있는 Moran's I 값의 분포를 준다. 그런 다음 관찰된 Moran's I 값을 이 분포와 비교한다.

```
# 시뮬레이션 값을 정의하고 시뮬레이션을 시행
> n <- 599L # Define the number of simulations
> I.r <- vector(length=n) # Create an empty vector
> for (i in 1:n){
        # Randomly shuffle income values
        x <- sample(sidoincome$Income, replace=FALSE)
        # Compute new set of lagged values
        x.lag <- lag.listw(lw, x)
        # Compute the regression slope and store its value
        M.r <- lm(x.lag ~ x)
        I.r[i] <- coef(M.r)[2]
  }
```

Plot the histogram of simulated Moran's I values # 시뮬레이션된 결과를 히스토그램으로 작성
then add our observed Moran's I value to the plot # 관측된 Moran's I 값을 선으로 히스토그램 위에 표시
```
> hist(I.r, main=NULL, xlab="Moran's I", las=1)
> abline(v=coef(M)[2], col="red")
```

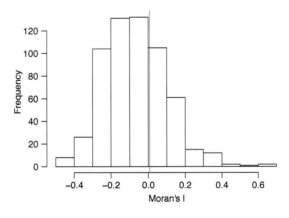

시뮬레이션 결과 그래프를 보면 우리가 관찰한 Moran's I 값과 공간적 자기상관 관계가 없다면 얻게 될 소득 값의 Moran's I 값이 별로 차이가 없음을 보여 준다. 다음 단계에서는 이 시뮬레이션에서 유사(pseudo) p-value를 계산한다.

첫째, 우리가 관찰한 Moran's I 값보다 작은 모의 Moran's I 값의 수를 찾는다.

```
> N.greater <- sum(coef(M)[2] < I.r)
> N.greater
## [1] 414
```

p-value를 계산하려면 관측된 Moran's I 값에 가장 가까운 분포의 끝을 찾은 다음 해당 카운트를 총 카운트로 나눈다. 이것은 소위 일방적인 P-value라는 점에 유의한다. 자세한 내용은 본문을 참조하자.

```
> p <- min(N.greater + 1, n + 1 - N.greater) / (n + 1)
> p
## [1] 0.31
```

이 실습에서 p-value(31%)는 '가구별 소득 값이 시도 수준에서 군집화되어 있지 않다'는 귀무가설을 기각하지 못하기 때문에 2018년 전국 시도 가구별 소득 값은 공간적 군집을 보여 주지 못한다는 것을 암시한다.

8.4.7 Moran의 I 통계량 계산하기: Moran.test 함수 사용

Moran의 I 값을 얻기 위해 좀 더 간단한 방법으로 moran.test 함수를 사용할 수 있다.

```
# Moran's I 계산, 제주도가 이웃이 없으므로 zero.policy=TRUE 로 설정
> moran.test(sidoincome$Income, lw, zero.policy=TRUE)
##      Moran I test under randomisation
## data: sidoincome$Income
## weights: lw n reduced by no-neighbour observations
## Moran I statistic standard deviate = 0.38908, p-value = 0.3486
## alternative hypothesis: greater
## sample estimates:
##  Moran I statistic    Expectation       Variance
```

0.002664897   −0.066666667   0.031752450

moran.test 함수로 계산된 p−value는 MC 시뮬레이션에서 계산하는 것이 아니라 분석적으로 계산된다. 이 방법이 유의성을 가장 정확하게 측정하는 방법은 아니다. 대신 MC 시뮬레이션 방법을 사용하여 유의성을 테스트하기 위해 moran.mc 함수를 사용해보자.

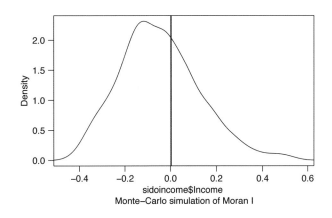

```
> MC<- moran.mc(sidoincome$Income, lw, nsim=599, zero.policy=TRUE)
# View results (including p-value)
> MC
##      Monte-Carlo simulation of Moran I
## data: sidoincome$Income
## weights: lw
## number of simulations + 1: 600
## statistic = 0.0026649, observed rank = 421, p-value = 0.2983
## alternative hypothesis: greater

# Plot the distribution (note that this is a density plot instead of a histogram)
> plot(MC, main="", las=1)
```

8.4.8 거리 밴드 함수로서의 Moran's I

여기서는 거리 밴드 함수를 이용하여 공간적 자기상관 관계를 확인한다. 즉 이웃을 접선이나 접점을 공유하는 연속 폴리곤으로 정의하는 대신, 주변 폴리곤 중심까지의 거리를 기준으로 이웃을 정의할 것이다. 따라서 각 폴리곤의 중심을 추출하여야 한다.

```
> crds <- coordinates(sidoincome)
```

객체 crds는 모든 쌍의 좌표 값을 저장한다. 다음으로, 100km(또는 100,000m) 이내에 모든 인접 폴리곤 센터를 포함하도록 검색 반경을 정의한다.

```
> S.dist <- dnearneigh(crds, 0, 100000)
```

dnearneigh 함수는 좌표값 crds, 밴드 내부 반지름, 밴드 외부 반지름의 세 가지 매개변수를 이용한다. 본 사례에서 밴드 고리 내부 반경은 0이며, 외부 반경 최대 100km의 모든 폴리곤 중심을 이웃으로 간주한다는 것을 의미한다. 예를 들어, 100km와 150km 사이의 모든 폴리곤 중심을 이웃으로 제한하기로 선택한다면, 검색 밴드 폭을 dnearneigh(crds, 100000, 150000)로 정의하여야 한다.

앞서 검색 밴드를 정의했으므로 데이터 세트의 각 폴리곤에 대해 모든 인접 폴리곤을 다음과 같이 식별해야 한다.

```
> lw <- nb2listw(S.dist, style="W",zero.policy=T)
```

MC 시뮬레이션을 실행하자.

```
> MI <- moran.mc(sidoincome$Income, lw, nsim=599, zero.policy=T)
```

MC 시뮬레이션 결과를 그려보자.

```
> plot(MI, main="", las=1)
```

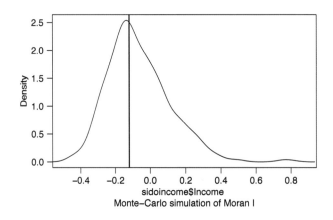

p-value 및 기타 요약 통계를 표시해보자.

```
> MI
```

Monte-Carlo simulation of Moran I

data: sidoincome$Income

weights: lw

number of simulations + 1: 600

statistic = -0.11999, observed rank = 243, p-value = 0.595

alternative hypothesis: greater

8.4.9 서울시 구별 인구를 이용한 Moran's I 계산

공간적 군집성이 다소 보이는 서울시 구별 인구를 이용하여 Moran's I를 계산해 보자. 서울시 데이터 불러오기 중에 칼럼 데이터가 long integer 로 설정되어 64bit 정수인 칼럼이 있으면 readOGR 에서는 default 옵션으로 문자로 변환하여 불러오게 된다. 이런 경우 해당 칼럼으로 숫자 연산을 하게 되면 오류를 발생시키게 된다. 따라서 아래와 같이 integer64 옵션을 "allow.loss"로 설정하여 32bit 숫자로 변환하여 불러오면 된다. 32bit 숫자도 충분히 큰 정수를 나타낼 수 있으므로 변환된 숫자에 큰 문제는 없을 것이다.

```
# 64bit 정수데이터 불러오기
) seoul <- readOGR(dsn = "c:/RSpatial/ch8/Seoul.shp", integer64="allow.loss")
) tm_shape(seoul) + tm_polygons(style="quantile", col = "Ingu") +
    tm_legend(outside = TRUE, text.size = .8)
# 이웃 설정
) nb <- poly2nb(seoul, queen=TRUE)
# 가중치 설정
) lw <- nb2listw(nb, style="W", zero.policy=TRUE)
# MC 시뮬레이션에서 Moran's I 계산
) MC<- moran.mc(seoul$Ingu, lw, nsim=599, zero.policy=TRUE)
# MC 시뮬레이션 결과 확인
) MC
## 	Monte-Carlo simulation of Moran I
## data: seoul$Ingu
## weights: lw
## number of simulations + 1: 600
```

statistic = 0.18558, observed rank = 567, p-value = 0.055

alternative hypothesis: greater

Plot the distribution (note that this is a density plot instead of a histogram)

⟩ plot(MC, main="", las=1)

Moran's I 값은 약 0.186으로 양의 군집이 조금 나타나고 있다. Morns'I 값이 0과 다르지 않다는 귀무가설에 대한 몬테카를로 시뮬레이션 결과 p=0.055 이므로 신뢰수준 90%에서는 귀무가설을 기각할 수 있어 서울시 인구는 군집하고 있다고 볼 수 있다.

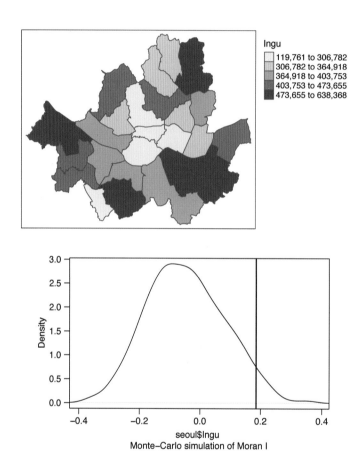

9. 공간 보간(Spatial Interpolation)

　우리의 주변에는 늘 일어나고 있는 다양한 공간 현상들이 있다. 이러한 현상은 기온, 날씨, 공해 등 자연현상들과 교통사고, 화재, 주택가격 폭등 등 인문현상들로 구분할 수 있다. 이러한 현상들의 데이터 형식은 교통사고나 화재와 같이 특정 지점에서 발생하게 되는 불연속 데이터도 있고 기온, 날씨, 공해 등과 같이 공간적으로 연속하는 속성을 갖는 연속 데이터도 있다.

　기온, 날시 등과 같이 연속되는 공간 현상의 경우에는 현상에 대해 전수조사를 수행할 수 없기 때문에 표본 지역을 선정하고 해당지역에서 데이터를 획득하는 방식을 사용한다. 따라서 표본 데이터를 이용하여 해당 현상 전체를 표현해야하므로 이를 위해 공간 보간을 사용하게 된다. 예를 들어, 강우량을 나타내는 기상자동측정소(AWS: Automatic Weather Station)의 분포를 고려할 때 데이터가 관측되지 않은 강수량 값은 어떻게 추정할 수 있는가? 그림 9.1은 서울시 기상자동측정소에서 관측한 2018년 월평균 강우량을 보여 주고 있다.

　강우량 추정 질문에 대한 답변을 돕기 위해, 우선 점 데이터를 사용하게 된다. 이러한 점 데이터는 대상 지역 내의 어느 곳에서도 측정할 수 있는 현상에 대한 표본을 관측한 것이다. 물론 점 데이터에는 건물, 교통사고와 같이 특정 사건이 발생한 이산적 위치만을 나타내는 데이터도 있다. 이러한 이산적인 데이터는 해당 지점에서만 사건이 발생한 것이므로 보간이라는 과정이 필요하지 않다. 하지만 강우량과 같이 연속적인 현상에 대해서는 관측된 표본 데이터를 바탕으로 어느 곳에서

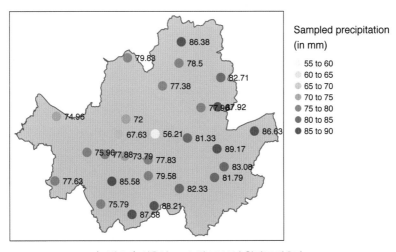

〈그림 9.1〉 서울시 AWS 별 2018년 월평균 강우량

도 측정할 수 있는 현상에 대해 표본으로 전체의 분포를 확인하기 위해 보간이라는 방법을 사용해야 한다. 보간의 결과는 래스터 데이터로 생성되어 위 질문의 답, 즉 측정되지 않은 지점의 강우량을 추정할 수 있게 된다.

보간을 위한 방법으로는 근접성과 거리 등을 이용한 결정론적 보간법과 통계적 보간법의 두 가지 범주로 분류될 수 있다.

9.1 보간에 대한 결정론적 접근

결정론적 보간법으로 근접성(Proximity)을 이용한 티센(Tiessen) 폴리곤 기법과 역 거리 가중 기법(Inverse Distance Weight; IDW)의 두 가지 방법에 대해서 살펴보자.

9.1.1 티센 폴리곤 보간

티센 폴리곤을 이용한 방법이 아마 가장 단순한 보간법일 것이다. 이 방법은 Alfred H. Thiessen에 의해 소개된 것으로 100년도 더 된 방법이다. 우선 표본 추출된 위치 사이에 중간점을 분할하는 선을 그리고 이를 연결하면 표본 위치를 중심으로 지역을 분할하는 면분할 표면이 생성된다. 표본점을 둘러싸는 각 영역은 그 표본 값을 대푯값으로 갖게 된다. 이를 통해 표본 추출된 위치의 값을 가장 가까운 표본이 없는 모든 위치에 할당하는 것이다. 서울의 AWS에서 측정한 2018년 월평균 강우량 값을 티센 폴리곤으로 보간하면 그림 9.2와 같다.

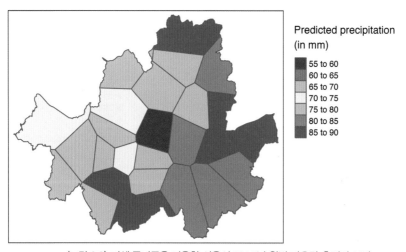

〈그림 9.2〉 티센 폴리곤을 이용한 서울시 2018년 월별 강우량 측정값 보간

티센 폴리곤 보간법의 문제는 표면 값이 영역 내에는 동일하다가 영역의 경계에서 갑자기 변한다는 것이다. 대부분의 자연 현상은 연속적으로 변화하게 되므로 값이 동일하다가 갑자기 변하는 계산식의 변화는 자연 현상을 사실적으로 표현하는 것이 아닌 것이다.

물론, 수작업으로 보간을 수행해야 한다면 자연 현상을 비교적 수월하게 계산하고 이해하는데 티센 폴리곤 보간법이 도움이 되었을 것이다. 하지만 컴퓨터에 의해 많은 연산이 빠르게 수행될 수 있게 되어 복잡한 수학적 연산이 가능하게 되면서 자연 현상의 값을 보다 사실적으로 보간할 수 있는 방법들을 제공되었다.

9.1.2 역거리 가중법(IDW) 보간

IDW 기법은 관측 위치의 값으로부터 거리가 멀어짐에 따라 가중치를 작게 주는 방식으로 표본이 없는 위치의 값을 계산하는 방법이다(식 9.1). 가중치는 표본 추출된 지점과 표본이 없는 위치의 근접성에 비례하며 IDW 승수로 지정할 수 있다. 승수가 클수록, 값이 없는 i 위치의 추정값 $\hat{Z}_j$는 인근 위치 i의 관측값 Z_i값을 거리의 승수(m)만큼 반비례하게 가중치를 주어 계산하므로 식에서 추정하는 값은 관측점에서 수집할 수 있는 인근 점의 가중치가 멀리 있는 점보다 더 강하게 된다.

$$\hat{Z}_j = \frac{\sum\limits_{i=1}^{n} Z_i / d_{ij}^m}{\sum\limits_{i=1}^{n} 1 / d_{ij}^m}$$

식 9.1

여기서, 변수 $\hat{Z}_j$은 j 위치의 값 Z의 추정값이다. 매개변수 m은 거리에 대한 지수로서 적용되는 가중치 매개변수로, j까지의 거리가 증가함에 따라 위치 i에서부터 점의 영향을 감소시키게 된다.

IDW 방법의 특성은 가중치가 지수의 크기에 따라 상당한 영향을 받는다는 것이다. 10 이상의 큰 지수는 거리에 따라 가중치의 값이 급격하게 0에 가깝게 되므로 일정 거리까지만 관측점의 영향력을 주게 된다. 결과적으로 티센 폴리곤처럼 가까이 있는 관측점에서는 매우 큰 영향을 받지만 조금 떨어진 다른 관측점에서는 거의 영향을 받지 않게 되어 티센 폴리곤과 유사한 보간값을 갖게 된다. 반면, 2, 3과 같이 작은 지수(m)값은 거리에 따라 가중치가 점진적으로 변하게 되므로 관측 값으로부터 거리에 영향에 따라 다양한 추정 값이 계산되게 되어 다양한 값을 갖는 보간면을 생성하게 된다.

그림 9.3은 서울시 AWS에서 측정된 2018년도 월평균 강우량을 IDW의 지수 m에 2를 넣어 생성된 보간 결과이다. 그림 9.4는 서울시 AWS에서 측정된 2018년 월평균 강우량을 IDW에 지수 15를 적용하여 보간한 결과이다. 지수가 매우 높아 거리에 따른 가중치가 급격하게 떨어지게 되어 관측점으로부터의 영향권에서 멀어지면 가중치의 값이 거의 0에 가까워짐을 확인할 수 있다. 그림 9.4

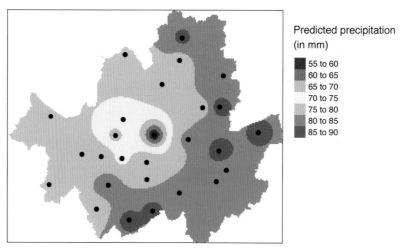

〈그림 9.3〉 서울시의 2018년 월평균 강우량(mm 단위)의 IDW 보간(승수 = 2)

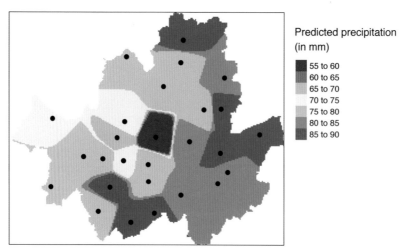

〈그림 9.4〉 서울시의 2018년 월평균 강우량(mm 단위)의 IDW 보간(승수 = 15)

는 IDW를 사용했지만 지수 2를 사용한 그림 9.3 보다는 티센 폴리곤 방법을 적용한 그림 9.2와 더 유사함을 확인할 수 있다.

9.1.3 보간을 위한 지수 선정과 교차검증(Cross-validation)

앞서 설명한 바와 같이 IDW 방법에 의한 보간 결과는 지수에 따라 다양한 보간 결과를 가질 수 있다. 그렇다면 어떻게 가장 적합한 지수를 선정할 수 있을까? 이를 위해 보간 결과의 정확성을 살펴볼 필요가 있다. 다양한 지수를 이용하여 보간하고 그 결과의 정확성을 평가하여 가장 적합한 지수와 그 결과를 채택하면 된다.

보간 결과를 확인하는 첫 번째 방법은 관측점을 두 세트로 나누어 한 세트는 보간을 위해 사용하고 다른 세트는 검증을 위해 사용하는 것이다. 즉 한 세트의 관측점으로 보간을 하고 다른 세트의 관측점과 해당 지점에서 보간된 값의 평균 제곱근 오차(RMSE: root mean square error)를 계산하는 방법이다.

또 다른 방법은 관측점 세트에서 하나의 점을 제거하고 관측점 세트의 다른 모든 지점을 사용하여 그 값을 보간한 다음, 그 관측점 세트의 각 점들에 대해 이 프로세스를 반복하는 것이다. 그런 다음 보간 값을 생략된 점의 실제 값과 비교하여 RMSE를 계산한다. 이 방법을 잭나이프(Jackkniffing) 방법이라고도 한다.

두 방법 모두 보간 연산자의 정확성 결과는 RMSE를 계산하여 요약할 수 있다(식 9.2).

$$RMSE = \sqrt{\frac{\sum_{i=1}^{n}(\hat{Z}_i - Z_i)^2}{n}}$$
식 9.2

여기서 $\hat{Z}_i$는 표본 추출되지 않은 위치(즉, 점 표본이 제거된 위치)에서 보간된 추정 값이며, Z_i는 위치 i에서 관측 값이고 n은 관측점 세트에 있는 표본점의 총 수이다.

우리의 관측점 세트에서 추정 강우량 대 관측 강우량의 산포도(Scatter plot)를 아래 그림 9.5와 같이 만들 수 있다. 실선 대각선은 일대일 기울기를 나타낸다. 추정된 값이 참 값과 정확히 일치할 경우 점은 이 선 위에 놓이게 된다. 점선은 이 점들에 의해 생성된 패턴을 살펴보기 위해 여기에 있는 점들에 대해 잔차를 최소화한 선형 적합선이다.

신뢰구간의 지도를 만들어 봄으로써 보간 연산자의 정확성에 대한 검사를 확인할 수 있다. 여기에는 앞서 언급한 잭나이프 기법으로부터 표본점의 수 n개 만큼 생성된 보간면을 레이어링한 다음 결과 래스터의 각 픽셀에 대해 신뢰구간을 계산하는 작업을 수행한다.

표본을 제외한 지점 i 에 대해 잭나이프 기법에서 보간한 값의 범위가 큰 경우는 이 위치가 표본 지점 위치들 중에 그 지점의 존재 및 부재에 매우 민감하여 넓은 신뢰 구간을 생성한다. 이것은 그 지점의 예측 값을 매우 신뢰하기 어렵다는 것을 뜻한다. 반대로, 위치 i에 대해 추정된 값의 범위가 작은 경우는 좁은 신뢰 구간이

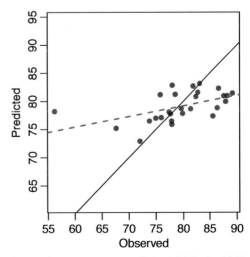

〈그림 9.5〉 leave-one-out 교차 검증 분석 후 각 표본 위치에서 추정된 값 대 관측된 값을 적합시킨 산포도

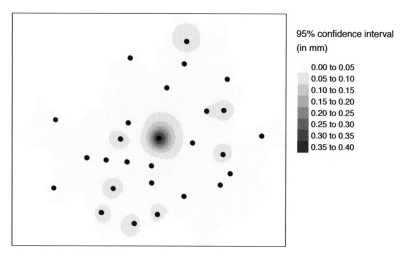

95% confidence interval
(in mm)

0.00 to 0.05
0.05 to 0.10
0.10 to 0.15
0.15 to 0.20
0.20 to 0.25
0.25 to 0.30
0.30 to 0.35
0.35 to 0.40

〈그림 9.6〉 서울시의 2018년 월평균 강우량(mm 단위)의 IDW 보간(승수 = 15)

계산되므로 추정되는 값이 크게 변하지 않아 보간 값에 대한 신뢰도가 높아진다.

그림 9.6은 각 표본이 없는 지점의 픽셀에 대해 95% 신뢰 구간을 보여 준다. 95% 신뢰구간 지도의 범례에서 값이 작은 곳들은 결과 추정값의 신뢰도가 높은 지역이고 범례에서 값이 큰 지역들은 추정값의 신뢰도가 낮은 지역을 나타낸다.

IDW 보간법은 단순하기 때문에 많이 사용되지만 승수의 선택이 주관적일 수 있기 때문에 합리적으로 승수를 선택할 방법이 필요하다. 앞서 설명한 잭나이프 기법의 정확성 지도는 보간된 결과 지도의 정확성을 제공할 수 있는 객관적인 방법이다. 따라서 여러 분의 IDW 방법에 적절한 승수를 선택하기 위해 다양한 승수를 적용하여 보간 결과를 생성하고 그 정확성을 통해 가장 정확도가 높은 승수를 갖는 방법을 최종적인 방법으로 선택하면 될 것이다.

9.2 통계적 보간법

다음으로 통계적 보간법으로 경향면(trend surface) 방법과 크리깅(Kriging) 방법에 대해 살펴보자.

9.2.1 경향면(Trend Surface) 보간법

경향면 보간은 위치 값의 상호 작용을 표현하기 위해 도출되는 회귀식을 이용한 보간이다. 다음부터 1차 및 2차 경향면 보간에 대해 살펴보자.

9.2.1.1 1차 경향면 보간

1차 경향면 다항식은 기울어진 평면을 표현하는 것으로 그 식은 식 9.3과 같다.

$$Z=a+bX+cY$$
식 9.3

여기서 X와 Y는 표본점의 좌표 쌍이다.

서울시 AWS의 2018년 월평균 강우량을 1차 경향면으로 보간하면 그림 9.7과 같다. 그림 9.7에서 볼 수 있듯이 1차 경향면 다항식을 이용한 보간 결과는 강우량 추정 표면의 경향을 두드러진 동서 경향을 보여 주는데 효과적이다. 하지만 서울시 월평균 강우량이 그림에서 보는 것처럼 수평으로 균일한지 의문이 생길 수 있다. 따라서 좀 더 복잡한 경향면 다항식을 사용해 보자.

9.2.1.2 2차 경향면 보간

2차 경향면 다항식은 곡면을 표현하는 것으로 그 식은 식 9.4와 같다.

$$Z=a+bX+cY+dX^2+eY^2+fXY$$
식 9.4

여기서도 X와 Y는 표본점의 좌표 쌍이다.

서울시 AWS의 2018년 월평균 강우량을 2차 경향면으로 보간하면 그림 9.8과 같다.

그림 9.8에서 볼 수 있듯이 2차 경향면 보간 결과는 관측점의 경향을 곡률 반경으로 나타내고 있다. 강유량의 경향이 2차 경향면 보간과 같이 특정 지역으로부터 곡률 반경으로 점차 증가하는 단순한 경향을 띠지 않을 수 있다. 강우량 값을 보간하기 위해서는 좀 더 복잡한 연산 방법이 필요할 수도 있다.

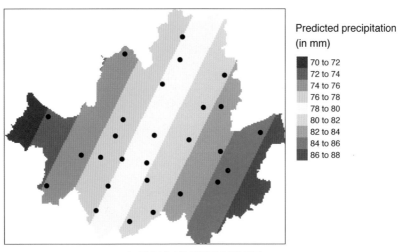

〈그림 9.7〉 1차 경향면 보간 결과

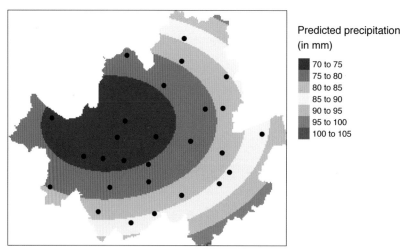

Predicted precipitation
(in mm)

- 70 to 75
- 75 to 80
- 80 to 85
- 85 to 90
- 90 to 95
- 95 to 100
- 100 to 105

〈그림 9.8〉 2차 경향면 보간 결과

9.2.2 크리깅(Kriging) 보간

크리깅은 지구통계학에서 토양분포 등의 공간적 자기상관을 갖는 연속적 분포에 대해 관측값으로부터 관측되지 않은 지점의 값을 추정하기 위해 개발된 보간법이다. 보간을 위한 크리깅 방법에는 단순 크리깅(Simple Kriging), 정규 크리깅(Ordinary Kriging), 일반(보편) 크리깅(Universal Kriging), 공동 크리깅(Co Kriging) 등 여러 가지 형태의 크리깅 연산이 존재한다. 단순 크리깅은 모평균이 이미 알려져 있다면 그 모평균으로부터 잔차를 베리오그램으로 추정하고 평균을 더하여 미지의 값을 보간하는 방법이고, 정규 크리깅은 오차의 분산을 최소로 하는 가중선형조합을 바탕으로 관측값 분산의 베리오그램을 토대로 미지의 값을 보간하는 방법이며, 일반 크리깅은 경향면에서 경향을 제거하고 그 잔차를 베리오그램으로 추정하고 미지의 값을 보간하는 방법이고, 공동 크리깅은 n가지 이상의 변수 선형조합을 사용하여 미지의 값을 보간하는 방법이다(이재길, 2017). 단순 크리깅, 정규 크리깅, 일반 크리깅은 관측된 속성(예, 지가, 강우량 등)으로 미지점의 속성값을 추정하지만, 공동 크리깅은 관측된 속성(예, 지가)과 더불어 상관성이 높은 이차변수들(예, 고도, 도심과의 거리 등)을 추가로 사용하여 미지점의 속성값을 추정한다.

이 중 본 장에서는 일반 크리깅 보간법에 대해 설명하고자 한다. 일반 크리깅은 보통 다음과 같은 세 단계로 수행된다.

첫째, 공간적 자기상관의 척도인 표본 베리오그램(Variogram), γ, 을 구성한다.
둘째, 데이터를 가장 잘 묘사하는 이론적 곡선을 추정하는 베리오그램 모델을 선정한다.
셋째, 이론적 베리오그램 모델로부터 검색 거리 변수를 산정하고 Kriging 보간을 실시한다.

이러한 단계별 사항을 보다 구체적으로 살펴보자.

9.2.2.1 표본 베리오그램(Sample Variogram) 구성

크리깅 보간에서는 우선 위치 속성 값 사이의 공간 관계에 초점을 둔다. 이러한 공간 관계를 설정하는 방법이 베리오그램이다. 관측자료에 대해 임의의 두 개 지점 x와 x+h에 대해 그 값의 차이를 제곱에 대한 합을 총 관측수로 나눈 평균을 계산하여 h 거리에 대한 베리오그램 값 γ(감마)를 도출할 수 있다. 이때 h를 lag라 한다. 우선 관측 데이터에 대한 선형회귀모형을 식 9.5와 같이 가정하자.

$$Z(s) = \sum_{k=1}^{m} \beta_k X_k(s) + \varepsilon, \ \varepsilon \sim N(0, \sigma^2) \qquad \text{식 9.5}$$

여기서 $Z(s)$는 관측자료이고, β_k는 K번째 독립변수의 회귀계수이며, $X_k(s)$는 k번째 독립변수이고, ε는 평균 0이고 분산이 σ^2인 회귀식의 오차항이다.

두 개의 관측지점 간 거리 $h_{ij} = dist(s_i, s_j)$를 이용하여 $Z(s_i)$와 $Z(s_j)$의 공분산 r을 공간적 자기상관을 나타내는 거리함수, h_{ij} 함수로 정의하는 베리오그램은 다음 식 9.6과 같다.

$$2r(h_{ij}) = Cov\{Z(s_i), Z(s_j)\} \qquad \text{식 9.6}$$

위 식의 베리오그램은 1/2로 계산한 세미베리오그램으로 많이 이용되며, 세미베리오그램 값은 식 9.7과 같이 산정된다.

$$r(h_{ij}) = 1/2 \cdot E[(Z(s_i) - Z(s_i + h_{ij}))^2] \qquad \text{식 9.7}$$

모든 관측치에 대해 관측점 간 γ를 계산한 다음, 베리오그램과 지점간의 거리의 관계를 나타낸 그림 9.9와 같은 그래프를 베리오그램 클라우드라 한다. 이는 거리에 따른 관측 자료의 분포와 차이점을 파악해 볼 수 있다. 이를 위해 다음 코드의 cloud 옵션을 TRUE로 설정하여야 한다.

```
# 베리오그램 클라우드 그리기
> var.smpl <- variogram(f.1, P, cloud = TRUE, cutoff=15000, width=800)
> plot(var.smpl)
```

그림 9.9에 클라우드 점의 수가 너무 많기 때문에 점을 해석하기 어렵다. 따라서 지점간 거리(lag, h)를 세분화하여 베리오그램 평균값을 식 9.8로 산정하여 표시할 수 있고 이를 표본 베리오그램, 경험(Empirical) 베리오그램 또는 실험(Experimental) 베리오그램이라 한다. 그림 9.9의 베리오그램 클라우드에 대해 표본 베리오그램을 산정하여 그래프로 그리면 그림 9.10과 같다.

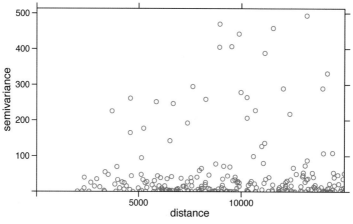

〈그림 9.9〉 서울시 AWS 강우량 데이터의 베리오그램 클라우드

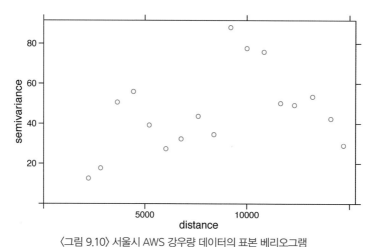

〈그림 9.10〉 서울시 AWS 강우량 데이터의 표본 베리오그램

$$\gamma^*(\overline{h}) = \frac{1}{2N_h} \sum_{i=1}^{N_h} \gamma(h) = \frac{1}{2N_h} \sum_{i=1}^{N_h} (Z(s_i) - Z(s_i + h_{ij}))^2 \qquad \text{식 } 9.8$$

여기서 N_h는 lag(h)에서 베리오그램을 계산하는 관측값 쌍의 총수를 나타낸다.

9.2.2.2 이론적 베리오그램 모델링

다음 단계는 앞서 관측치로부터 산정한 표본 베리오그램에 이론적 베리오그램 모델을 맞추는 것이다. R의 gstat 패키지에서 사용할 수 있는 베리오그램 모델들로는 Nug(nugget), Exp(exponential), Sph(spherical), Gau(gaussian), Exc(Exponential class/stable), Mat(Matern), Ste(Matern, M. Stein's parameterization), Cir(circular), Lin(linear), Bes(bessel), Pen(pentaspherical), Per(periodic), Wav(wave), Hol(hole), Log(logarithmic), Pow(power), Spl(spline)이 있다(그림 9.11). 이

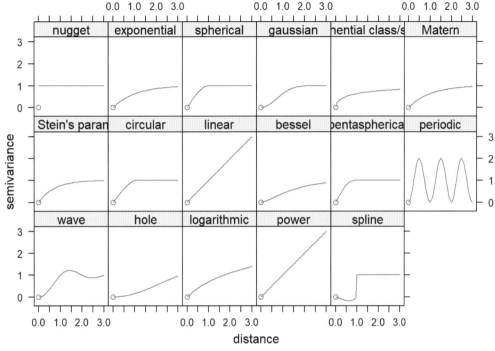

〈그림 9.11〉 R의 gstat 패키지의 베리오그램 모델들(Gimond, 2019)

론적 베리오그램 설정하기 위해 사용되며, gstat 패키지의 vgm( ) 함수의 모델 옵션으로 선택하면
된다.

표본 베리오그램을 바탕으로 이론적 베리오그램을 선정하기 위해 gstat 패키지의 fit.variogram
함수를 다음 코드와 같이 사용하면 된다. 여기서 var.smpl은 표본 베리오그램이며 여기에 적합할
이론적 베리오그램은 vgm( ) 함수로 설정할 수 있다.

```
# gstat 패키지의 fit.variogram 함수 사용
⟩ dat.fit ⟨- fit.variogram(var.smpl, fit.ranges = FALSE, fit.sills = FALSE,
vgm(psill=50, model="Sph", range=6000, nugget=0))
```

vgm( ) 함수의 매개변수로 베리오그램 모델, sill, range, nugget 값을 선정해 주어야 한다. 모델은
앞서 설명한 이론적 베리오그램 모델 중 하나를 선정하면 되고 psill(partial sill), range, nugget은 표
본 베리오그램을 보고 적절하게 선정해 주어야 한다. nugget은 y축(베리오그램)의 0과 절편 사이의
거리이다(그림 9.12). Partial sill은 nuget으로부터 이론적 베리오그램 곡선이 수평을 이루는 부분
사이의 수직 거리다. 베리오그램 곡선이 수평을 이루는 부분의 x 축(거리)의 값을 range라고 한다.

우리가 사용한 서울시 AWS 2018년 월평균 강우량 관측치에 대한 표본 베리오그램에 대해 이론적 베리오그램을 적합하면 그림 9.13과 같다. 이 적합을 위해 구형(Sph; Spherical) 모형을 선정하였고, psill=50, range=6000, nugget=0으로 설정하였다.

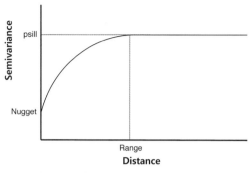

〈그림 9.12〉 베리오그램 모델의 매개변수

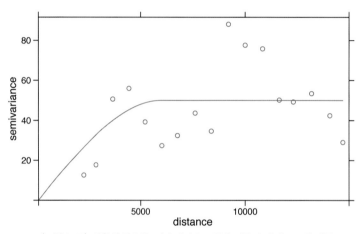

〈그림 9.13〉 서울시 강우량 표본 베리오그램에 이론적 베리오그램 적합

9.2.2.3 크리깅 보간

베리오그램 모델은 크리깅 보간 연산자에 국지적 가중치를 제공한다. 크리깅은 베리오그램 모델을 사용하여 거리에 따른 베리오그램 값의 분포를 기반으로 인접 점의 가중치를 계산한다.

우리의 사례인 서울시 AWS 2018년 월평균 강우량 관측치를 바탕으로 크리깅을 사용하여 보간한 결과는 그림 9.14와 같다. 중심부에서 우하단 방향으로 강우량이 점차 증가하는 경향을 확인할 수 있는데, 그림 9.7의 1차 단순 경향과 그림 9.8의 2차 포물선 경향에 비해 전체적인 경향은 유지하지만 국지적 경향이 경향면 보간법에 비해 상당히 잘 나타나고 있음을 확인할 수 있다.

크리깅 보간의 결과는 관측치가 없는 지점에 대한 추정값을 도출하는 것이다. 따라서 도출된 추정값의 정확도(또는 오차)에 대한 정보를 측정하여 제공할 필요가 있다. 이를 위해 보간 값의 불확실성 측정을 제공하는 분산 지도를 작성할 수 있다. 분산이 작다는 것은 오차의 편차가 작다는 것으로 값의 변동이 작아 그 값의 신뢰도가 높다는 것이다. 그림 9.15에서 보면 관측 값에서 가까운 곳일수록 분산이 작음을 확인할 수 있다.

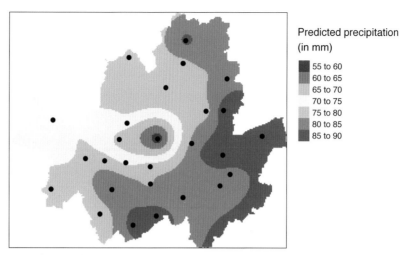

〈그림 9.14〉 서울시 AWS 2018년 월평균 강우량에 대한 크리깅 보간 결과

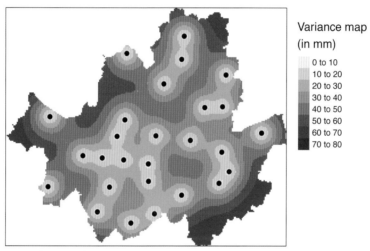

〈그림 9.15〉 서울시 AWS 월평균 강우량의 크리깅 보간 값의 분산 지도

9.3 R을 이용한 보간 실습

RStudio를 실행하자. 실습 디렉토리(ch9)에 있는 데이터를 확인한다. 실습 폴드에 있는 데이터는 다음과 같다.

precipTM.shp: 서울시에 위치한 방재용 자동기상관측장비(AWS, Automatic Weather System) 의 위치별 2018 월평균 강우량(prcip_m 칼럼)에 대한 점 레이어 이다. (기상청의 기상자료 개발 포털(https://data.kma.go.kr/cmmn/main.do)에서 제공하는 자료이다.)

　seoulbound.shp: 서울시 강우량을 보간한 후 보간면을 서울시 경계에 따라 잘라내기 위해 사용하는 서울시 경계 폴리곤 데이터이다.

　*.rds 는 R에서 제공하는 자체 관계형 데이터베이스 포맷이다. shapefile과 rds 파일간 상호 변환과정에 대해서도 연습하자.

```
> library(rgdal) // OGR 사용을 위해 필요
> library(tmap) // 주제도 작성을 위해 필요, tm_shpae( )에 필요
> library(sp) // RDS 사용을 위해 필요

# Load precipitation data.
// shapefile 불러와 prec 객체 생성
> prec <- readOGR(dsn = "c:/RSpatial/ch9/precipTM.shp", integer64="allow.loss")
// prec 객체를 rds 파일로 저장
> saveRDS(object = prec, file = "c:/RSpatial/ch9/precipTM.rds")
// rds 파일로 P 객체 생성
> P <- readRDS("c:/RSpatial/ch9/precipTM.rds")
// write object to shapefile
> writeOGR(P, "c:/RSpatial/ch9", "precipTM19", driver = "ESRI Shapefile")

# 여기서 precipTM.shp와 precipTM19.shp를 ArcMap을 이용해서 차이점이 있는지 비교해 보자.

# Load Seoul boundary map. 아래 코드에서 integer64="allow.loss" 옵션은 속성 칼럼 중
# double 포맷인 64 bit의 소수로 저장된 칼럼이 있으면 32 bit 소수로 변환에서 저장해도
# 된다는 것임. ch9에 있는 Seoul.shp은 행정구 경계를 포함한 것이다. 여기서는 서울의 경
# 계만 포함하고 있는 seoulbound.shp을 사용한다.
> W <- readOGR(dsn = "c:/RSpatial/ch9/seoulbound.shp", integer64="allow.loss")

# 점 경계 수정
> P@bbox <- W@bbox
# draw graph. 아래 코드에서 auto.palette.mapping = TRUE로 하면 단색의 톤으로 색상을
# 구성하고 FALSE로 설정하면 여러 색으로 범례를 구성한다.
> tm_shape(W) + tm_polygons( ) +
```

```
tm_shape(P) +

tm_dots(col="prcip_m", palette = "RdBu", auto.palette.mapping = TRUE, title="
Sampled precipitation \n(in mm)", size=0.7) +

tm_text("prcip_m", just="left", xmod=.5, size = 0.7) +

tm_legend(legend.outside=TRUE)
```

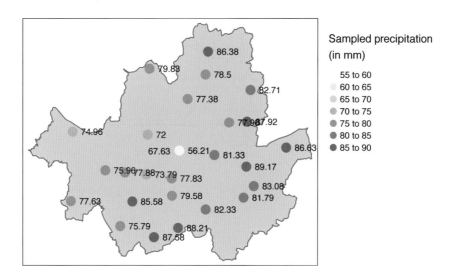

위 코드에서 P@bbbox 〈- W@bbox 라인은 서울 지도의 직사각형 범위를 점 데이터 객체에도 적용되도록 하는 것이다. 포인트의 보간법이 서울 전체 범위를 포괄하는 것이라면 점 데이터의 범위를 정하는 것은 중요한 단계다. 이 단계를 생략했다면 보간된 레이어의 대부분은 점 객체들만을 둘러싸는 최소 직사각형 범위로 제한되었을 것이다.

9.3.1 Thiessen polygons(티센 폴리곤)

티센 폴리곤(또는 근접 보간)은 spatstat 패키지의 dirichlet 함수를 사용하여 만들 수 있다.

```
> library(spatstat)        # Used for the dirichlet tessellation function

> library(maptools)        # Used for conversion from SPDF to ppp

> library(raster)          # Used to clip out thiessen polygons


# 분할면 (tessellated surface) 만들기

> th <- as(dirichlet(as.ppp(P)), "SpatialPolygons")

# P 의 point 객체들을 중심으로 티센 폴리곤을 생성하였고 이것을 그리기
```

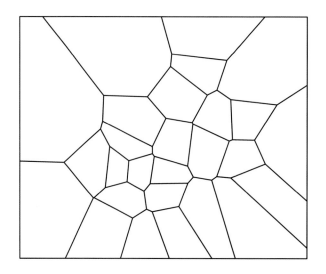

〉 plot(th)

\# dirichlet 함수는 투영법 정보를 전달하지 못하므로 다음 과정을 통해 수행되어야 한다.

〉 proj4string(th) 〈- proj4string(P)

\# 분할면(tessellated surface)은 점 데이터 개체의 속성 정보를 저장하지 않는다. 따라서
\# sp 패키지의 over( ) 함수를 사용하여 점 속성을 분할면에 spatial join 해주어야 한다.
\# 다음 과정에서 over( ) 함수는 'th' 개체를 추가할 수 있는 dataframe 인
\# SpatialPolygonsDataFrame 개체를 생성하게 된다.

〉 th.z   〈- over(th, P, fn=mean)

〉 th.spdf 〈- SpatialPolygonsDataFrame(th, th.z)

\# 마지막으로 분할면을 서울의 경계를 이용하여 자른다(clip).

〉 th.clip   〈- raster::intersect(W,th.spdf)

\# Map the data. 아래 코드에서는 auto.palette.mapping=FALSE 로 설정하여 폴리곤
\# 지역에 여러 가지 색상을 사용하고 있다.

〉 tm_shape(th.clip) +

   tm_polygons(col="prcip_m", palette="RdBu", auto.palette.mapping=FALSE,

      title="Predicted precipitation \n(in mm)") +

   tm_legend(legend.outside=TRUE)

많은 패키지가 동일한 함수 이름들을 공유하고 있기 때문에 이러한 패키지들이 동일한 R 세션

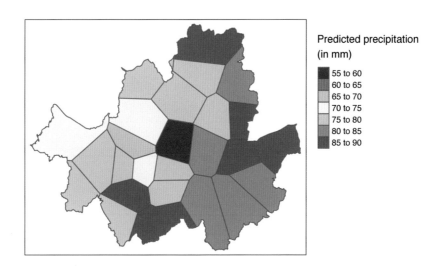

Predicted precipitation
(in mm)

- 55 to 60
- 60 to 65
- 65 to 70
- 70 to 75
- 75 to 80
- 80 to 85
- 85 to 90

에 로드될 때 문제가 될 수 있다. 예를 들어, intersect 함수는 현재 세션에서 로드된 base, spatstat, raster 패키지 모두에 포함되어 있는 함수이다. 따라서 적절한 함수를 선택하려면 위에서 서울의 경계를 이용하여 분할면을 자를 때 사용했던 raster:intersect( )와 같이 함수 이름을 패키지 이름으로 시작하여 그 함수가 어느 패키지에 속해 있는지 명확히 설정해주는 것이 좋다.

이 팁은 spatstat와 gstat 패키지 모두에서 사용할 수 있는 idw 함수를 부르는 다음 코드에서도 적용된다. spatstat 패키지의 대부분의 함수와 같이 dirichlet 함수는 포인트 객체가 ppp 형식이어야 하므로 위 코드에 있는 as.ppp(P) 구문의 형태로 사용되어야 한다는 점에 유의하자.

9.3.2 역거리 가중법(IDW: Inverse Distance Weight) 보간

IDW의 결과물은 래스터 형태이다. 이를 위해서는 먼저 빈 래스터 그리드를 생성한 다음 각 샘플링되지 않은 그리드 셀에 강수량 값을 보간해야 한다. IDW 지수 값으로 2(idp=2.0)가 사용된다.

```
> library(gstat)    # Use gstat's idw routine
> library(sp)       # Used for the spsample function

# 셀의 총수가 n개인 빈 격자 생성
> grd <- as.data.frame(spsample(P, "regular", n=50000))
> names(grd) <- c("X", "Y")
> coordinates(grd) <- c("X", "Y")
> gridded(grd) <- TRUE # Create SpatialPixel object
> fullgrid(grd) <- TRUE # Create SpatialGrid object
```

```
# 빈 격자에 P 객체의 투영법 정보 추가
> proj4string(grd) <- proj4string(P)

# P 객체의 강우량(prcip_m)을 역거리 가중치 2(idp=2.0)로 보간(interpolate)
> P.idw <- gstat::idw(prcip_m ~ 1, P, newdata=grd, idp=2.0)

# 보간 결과를 raster 객체로 변환하고 서울 경계로 자르기
> r <- raster(P.idw)
> r.m <- mask(r, W)

# Plot
> tm_shape(r.m) +
    tm_raster(n=10,palette = "RdBu", auto.palette.mapping = FALSE,
        title="Predicted precipitation \n(in mm)") +
    tm_shape(P) + tm_dots(size=0.2) +
    tm_legend(legend.outside=TRUE)
```

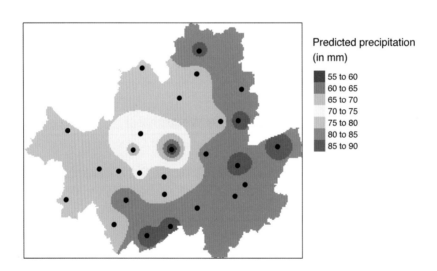

9.3.3 보간 미세 조정

지수 함수의 선택은 주관적일 수 있다. 지수의 선택을 미세 조종하기 위해 보간값의 오차를 측정하는 leave-one-out 검증 방법을 수행할 수 있다.

```
# Leave-one-out validation routine
> IDW.out <- vector(length = length(P))
> for (i in 1:length(P)) {
    IDW.out[i] <- idw(prcip_m ~ 1, P[-i,], P[i,], idp=2.0)$var1.pred
}

# Plot the differences
> OP <- par(pty="s", mar=c(4,3,0,0))
> plot(IDW.out ~ P$prcip_m, asp=1, xlab="Observed", ylab="Predicted", pch=16,
       col=rgb(0,0,0,0.5))
> abline(lm(IDW.out ~ P$prcip_m), col="red", lw=2,lty=2)
> abline(0,1)
```

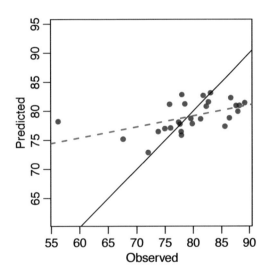

```
> par(OP)
```

RMSE는 다음과 같이 IDW.out으로 계산할 수 있다.

```
# RMSE 계산
> sqrt(sum((IDW.out - P$prcip_m)^2) / length(P))
[1] 6.090455
```

9.3.4 교차검증(Cross-validation)

보간 표면 생성 외에도 보간 모델에 대한 95% 신뢰구간(confidential Interval; CI) 지도를 작성할 수 있다. 여기서는 지수 2(idp=2.0)를 사용하는 IDW 보간에서 95% 신뢰구간 지도를 생성한다.

```
# 표본추출되지 않은 각 점에 대한 신뢰구간을 추정하기위해 Jackknife 방법을 적용
# 보간면 생성
> img <- gstat::idw(prcip_m~1, P, newdata=grd, idp=2.0)
> n <- length(P)
> Zi <- matrix(nrow = length(img$var1.pred), ncol = n)

# 각 점에 대해 그 점을 제외하고 보간을 수행
> st <- stack( )
> for (i in 1:n){
    Z1 <- gstat::idw(prcip_m~1, P[-i,], newdata=grd, idp=2.0)
    st <- addLayer(st,raster(Z1,layer=1))
    # Calculated pseudo-value Z at j
    Zi[,i] <- n * img$var1.pred - (n-1) * Z1$var1.pred
}

# Jackknife estimator of parameter Z at location j
> Zj <- as.matrix(apply(Zi, 1, sum, na.rm=T)/n)

# Compute (Zi* - Zj)^2
> c1 <- apply(Zi,2,'-',Zj) # Compute the difference
> c1 <- apply(c1^2, 1, sum, na.rm=T) # Sum the square of the difference

# Compute the confidence interval
> CI <- sqrt(1/(n*(n-1)) * c1)

# Create (CI / interpolated value) raster
> img.sig <- img
> img.sig$v <- CI /img$var1.pred

# Clip the confidence raster to Seoul
```

```
> r <- raster(img.sig, layer="v")

> r.m <- mask(r, W)

# Plot the map

> tm_shape(r.m) + tm_raster(n=7,title="95% confidence interval \n(in mm)") +

    tm_shape(P) + tm_dots(size=0.2) +

    tm_legend(legend.outside=TRUE)
```

9.3.5 1차 다항식 적합

$prcip\_m = intercept + aX + bY$ 형태의 1차 다항식 모델을 데이터에 적합시키는 방법은 다음과 같다.

```
# 1차 다항식 정의

> f.1 <- as.formula(prcip_m ~ X + Y)
```

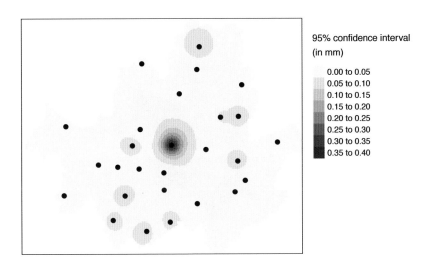

```
# P 객체에 X, Y 좌표 추가

> P$X <- coordinates(P)[,1]

> P$Y <- coordinates(P)[,2]

# 회귀모형 실행

> lm.1 <- lm(f.1, data=P)
```

```
# 보간면을 생성하기 위해 회귀모형 사용
> dat.lst <- SpatialGridDataFrame(grd, data.frame(var1.pred = predict(lm.1, newdata=grd)))

# 서울 연구지역으로 보간면 자르기
> r <- raster(dat.lst)
> r.m <- mask(r, W)

# 결과 보간면 그리기
> tm_shape(r.m) +
    tm_raster(n=10, palette="RdBu", auto.palette.mapping=FALSE,
    title="Predicted precipitation \n(in mm)") +
    tm_shape(P) + tm_dots(size=0.2) +
    tm_legend(legend.outside=TRUE)
```

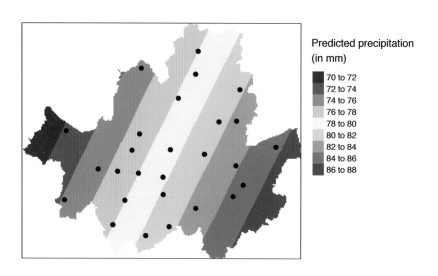

9.3.6 2차 다항식 적합

prcip_m=intercept+aX+bY+dX^2+eY^2+fXY 형태의 2차 다항식 모델을 데이터에 적합시키는 방법은 다음과 같다.

```
# 2차 다항식 정의
> f.2 <- as.formula(prcip_m ~ X + Y + I(X*X)+I(Y*Y) + I(X*Y))
```

```
# P 객체에 X, Y 좌표 추가
> P$X <- coordinates(P)[,1]
> P$Y <- coordinates(P)[,2]

# 회귀모형 실행
> lm.2 <- lm(f.2, data=P)

# 보간면을 생성하기 위해 회귀모형 사용
> dat.2nd <- SpatialGridDataFrame(grd, data.frame(var1.pred = predict(lm.2, newdata=grd)))
# 서울 연구지역으로 보간면 자르기
> r <- raster(dat.2nd)
> r.m <- mask(r, W)

# 결과 보간면 그리기
> tm_shape(r.m) +
    tm_raster(n=10, palette="RdBu", auto.palette.mapping=FALSE,
    title="Predicted precipitation \n(in mm)") +
    tm_shape(P) + tm_dots(size=0.2) +
    tm_legend(legend.outside=TRUE)
```

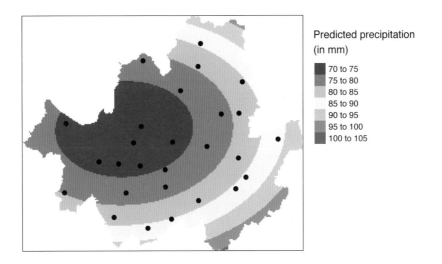

9.3.7 크리깅(Kriging)

9.3.7.1 베리오그램(variogram) 적합

크리깅을 이용한 보간법의 첫 번째 단계는 베리오그램 모델을 만드는 것이다. 베리오그램 모델은 국지적 경향을 살펴보기 위해 전체적인 경향이 제거된 데이터를 기반으로 계산된다는 점에 유의하자. 이는 (앞서 제공한 코드 중 1차 다항식 f.1에서 정의한) 1차 경향 모델을 variogram 함수에 전달하는 방식으로 다음 코드에서 구현된다.

```
# 1차 다항식 정의
> f.1 <- as.formula(prcip_m ~ X + Y)
> P$X <- coordinates(P)[,1]
> P$Y <- coordinates(P)[,2]

# 표본 variogram 계산: f.1 경향 모형은 variogram( ) 함수에 주어야 하는 매개변수 중
# 하나로 거리에 따라 감소하는 데이터에 대해 variogram을 만드는 모형이다.
# variogram( ) 함수에서 cutoff는 계산에 고려할 전체 범위를 반영하는 것으로 서울시의
# 폭이 약 35km 이므로 15km로 설정하였고, width는 점들의 간격을 계산하는 단위 거리로
# 500m로 설정하였다.
> var.smpl <- variogram(f.1, P, cloud = FALSE, cutoff=15000, width=500)

# 산포도를 그려보고 적당한 cutoff와 width 설정 필요
> plot(var.smpl)

# vgm( ) 함수를 통해 fit.variogram( ) 함수에 nugget, sill, range 값을 제공함으로써
# variogram model을 계산한다. 위 산포도에서 sill과 range를 추정해서 설정
> dat.fit <- fit.variogram(var.smpl, fit.ranges = FALSE, fit.sills = FALSE,
                vgm(psill=50, model="Sph", range=6000, nugget=0))

# 그림은 적합 정도를 보여 준다. 여기서 xlim 값은 위 cutoff와 같게 설정한다.
> plot(var.smpl, dat.fit, xlim=c(0,15000))
```

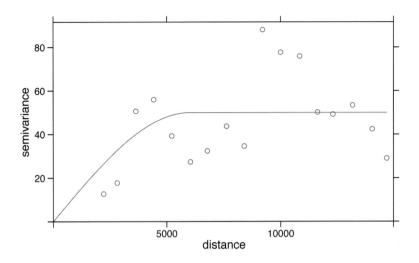

9.3.7.2 크리깅에 의한 보간 표면 생성

다음으로, 크리깅에 의한 보간 표면 생성을 위해 베리오그램 모델인 dat.fit을 사용하자. 크리그 함수는 경향 모델을 포함하고 있어서 데이터의 국지적 경향을 파악할 수 있게 해주고, 잔차를 크리 그한 다음 두 개의 래스터를 결합하는 번거로움을 줄일 수 있다. 대신, 우리가 해야 할 일은 경향 다 항식 f.1을 크리그에 입력하는 것이다.

```
# 경향 모델 정의
〉f.1 〈- as.formula(prcip_m ~ X + Y)

# 크리깅 보간을 수행
# created in the earlier step)
〉dat.krg 〈- krige( f.1, P, grd, dat.fit)

# 크리깅 보간면을 래스터화하고 서울지역으로 자르기
〉r 〈- raster(dat.krg)
〉r.m 〈- mask(r, W)

# 보간면 그리기
〉tm_shape(r.m) +
    tm_raster(n=10, palette="RdBu", auto.palette.mapping=FALSE,
        title="Predicted precipitation \n(in mm)") +
    tm_shape(P) + tm_dots(size=0.2) +
```

tm_legend(legend.outside=TRUE)

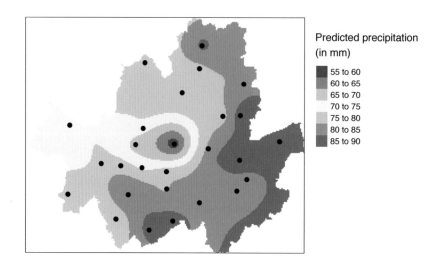

9.3.7.3 분산 지도와 신뢰구간 지도 생성

dat.krg 객체는 보간 값뿐만 아니라 분산 값도 저장한다. 이 값들은 지도제작을 위해 다음과 같이
래스터 객체에 전달될 수 있다.

```
> r <- raster(dat.krg, layer="var1.var")
> r.m <- mask(r, W)

> tm_shape(r.m) +
```

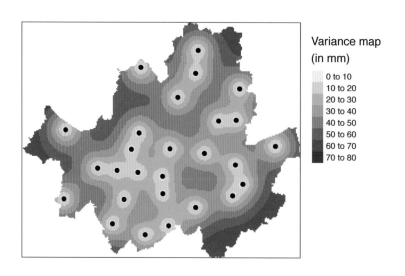

```
    tm_raster(n=7, palette ="Reds",
        title="Variance map \n(in mm)") +
    tm_shape(P) +
    tm_dots(size=0.2) +
    tm_legend(legend.outside=TRUE)
```

보다 쉽게 해석할 수 있는 지도는 95% 신뢰구간 지도로 다음과 같이 생성될 수 있다(지도 값은 추정 강우량에 대한 위 또는 아래 값으로 mm 단위로 해석해야 한다). 분산이 작은 값이 신뢰도가 높은 것이다. 그림에서 보면 관측점에서 가까운 곳일수록 분산이 작고 신뢰도가 높은 것을 확인할 수 있다.

```
> r <- sqrt(raster(dat.krg, layer="var1.var")) * 1.96
> r.m <- mask(r, W)

> tm_shape(r.m) +
    tm_raster(n=7, palette ="Reds",
    title="95% CI map \n(in mm)") +
    tm_shape(P) + tm_dots(size=0.2) +
    tm_legend(legend.outside=TRUE)
```

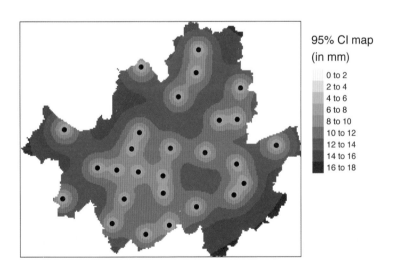

R

10. 공간 회귀분석

일반적으로 다변량 분석에서 회귀분석은 독립변수들의 변동으로 종속변수의 변동을 설명하는 것으로, 독립변수의 값들을 이용해 종속변수의 값들을 추정할 수 있다. 회귀분석의 경우 전제조건으로 선형성, 독립성, 등분산성, 정규성의 특성을 가져야 한다. 독립변수와 종속변수의 관계는 선형관계이고, 독립변수들은 서로 독립적이어야 하며, 등분산성은 잔차의 분산이 고르게 분포하는 것이고, 정규성은 잔차가 정규분포를 따른다는 것이다. 따라서 회귀분석을 수행할 경우 회귀분석의 잔차를 살펴보아야 하는데, 만약 잔차가 지역별로 공간적 종속성을 가지고 이에 연계하여 잔자의 분포가 지역별로 이질적일 경우에는 회귀분석 결과의 신뢰성에 문제가 있는 것으로 판단할 수 있다. 이러한 경우에는 일반적 회귀분석 보다는 공간 회귀모형을 적용하는 것이 타당하다.

공간 회귀모형에는 공간적 자기상관을 토대로 구성되는 자기회귀 모형과 일반 회귀모형을 보완한 비자기 회귀 모형이 있다. 자기회귀 모형에는 동시 자기회귀 모형(SAR: Simultaneous Autoregressive Model), 조건부 자기회기 모형(CAR: Conditional Autoregressive Model), 공간오차 자기회귀 모형(SEM: Spatial Error Model), 공간더빈 모형(SDM: Spatial Dubin Model) 등이 있다. 비자기 회기 모형에는 다수준 모형(MLM: Multi-Level Model), 지리 가중 회귀모형(GWR: Geographically Weighted Regression) 등이 있다,

10.1 잔차의 공간적 종속성과 이질성

회귀분석의 잔차는 두 가지 측면에서 확인하여야 한다. 우선 잔차도 공간적으로 독립적이어야 하므로 잔차가 공간적인 종속성(Spatial Dependence), 즉 공간적 자기상관을 가지는지 확인해야 한다. 잔자의 공간적 종속성을 확인하기 위해 Lagrange Multiplier Diagnostics(ML) 함수를 사용하면 된다. 만약 공간적 종속성이 확인되면 공간적 이질성을 가질 확률이 높다. 따라서 다음으로 살펴보아야 할 것은 공간적 이질성(Spatial Heterogeneity)으로 잔차가 공간적으로 균질하게 분포되어 있지 않고 지역별로 비균질적으로 분포하는 것이다. 잔차가 공간적으로 종속되지 않아 독립적이며 정규분포를 따른다면 잔차의 분포가 균질적인 등분성(Homoschedasticity)을 나타내지만, 그렇지 않고 잔차가 공간적 자기상관을 갖고 정규분포를 따르지 않으면 이분성(Heteroskedasticity)을 갖

게 된다. 이런 경우 사용할 수 있는 대표적인 모형은 지역별로 공간 가중값을 적용하는 지리 가중 회귀모형(GWR: Geographically Weighted Regression)과 지역 간 규모의 차이를 고려하여 회귀계수를 지역별로 다르게 적용하는 다수준 모형(MLM: Multi-Level Model)이 있다.

본 교재에서는 일반 회귀모형과 공간 회귀모형의 차이를 살펴보기 위해, 우선 일반 선형 회귀모형을 살펴보고, 선형 회귀모형의 잔차에 대한 공간적 종속성과 이질성이 있다면 이를 해결하기 위한 사용될 수 있는 공간 회귀모형으로 지리 가중 회귀모형에 대해 살펴보도록 하겠다.

10.2 일반 선형 회귀모형(GLM)

일반 선형 회귀모형(GLM: Generalized Linear Regression Model)은 독립변수와 종속변수의 선형관계를 이용하여 모델을 형성하고, 이를 통해 독립변수를 입력하여 종속변수를 추정하게 된다. 종속변수의 분포 특성에 따라 적용해야 할 회귀모형이 달라지는데, 정규분포를 따르면 일반 선형 회귀모형을 적용하면 되지만 이항분포를 따를 경우는 로지스틱 회귀모형, 포아송분포를 따르면 포아송 회귀모형을 적용하여야 한다. 독립변수에는 대부분 등간/비율 척도의 정량적 변수가 사용되는데, 만약 독립변수로 명목척도의 변수를 사용해야 하는 경우는 명목척도를 숫자로 코딩한 더미변수를 사용하여 회귀분석을 수행할 수 있다. 선형 회귀모형에도 독립변수와 종속변수의 관계가 직선일 때 독립변수가 하나인 단순 회귀모형과 두 개 이상인 중회귀모형이 있고, 관계가 곡선으로 표현되어야 할 때 다항회귀모형을 적용한다.

선형 회귀모형 중 가장 많이 사용되는 형태는 여러 개의 독립변수를 사용하는 중회귀모형이다. 하지만 중회귀모형은 단순 회귀모형으로부터 독립변수를 추가하는 방식으로 확장한 것이고 회귀모형의 구성, 전제조건, 최적화, 잔차 특성 등은 크게 차이가 없다. 따라서 본 교재에서는 선형 회귀모형과 공간 가중 회귀모형을 비교하여 설명하기 위해 선형 회귀모형 중 형태가 단순한 단순 회귀모형을 바탕으로 선형 회귀모형을 설명하였다. 단순 회귀모형의 일반적인 형식은 식 10.1과 같다.

$$Y = \beta_0 + \beta_i X_i + \varepsilon \qquad\qquad 식\ 10.1$$

여기서, Y는 종속변수의 관측값, β_0는 절편, β_i은 i 번째 기울기, X_i는 i번째 독립변수의 관측값, ε은 오차항이다. 이때, 오차항은 합이 0이고, 정규분포($Z(0,\sigma^2)$)를 따르며, 서로 다른 오차는 독립적($Cov(\varepsilon_i,\varepsilon_j)=0,\ i{\neq}j$)이며, 모든 독립변수 값에서 오차의 분산은 동일함을 전제로 한다. 기울기와 독립변수에 i를 사용한 것은 단순 회귀모형에 기울기와 독립변수만 증가시키면 중회귀모형이 되는 것을 나타낸 것이다.

10.2.1 최소제곱법을 이용한 회귀계수 도출

독립변수와 종속변수의 관측값을 이용하여 회귀선을 추정하기 위해 절편(β_0)과 기울기(β_i) 값을 도출하여야 한다. 이 방법으로 최소제곱법과 최대우도법을 사용할 수 있다. 우선 최소제곱법은 잔차의 제곱의 합(식 10.2)을 최소화하는 방법이다.

$$SS = \sum \varepsilon_i^2 = \sum (y - \beta_0 - \beta_i x_i)^2 \qquad \text{식 10.2}$$

식 10.2를 계산하기 위해 다음 식 10.3, 10.4, 10.5를 사용하게 될 것이다.

$$S_{(x,x)} = \sum (x_i - \bar{x})^2 = \sum x_i^2 - \frac{(\sum x^2)}{n} = \sum x_i^2 - n\bar{x}^2 \qquad \text{식 10.3}$$

$$S_{(y,y)} = \sum (y_i - \bar{y})^2 = \sum y_i^2 - \frac{(\sum y^2)}{n} = \sum y_i^2 - n\bar{y}^2 \qquad \text{식 10.4}$$

$$S_{(x,y)} = \sum (x_i - \bar{x})(y_i - \bar{y}) = \sum x_i y_i - \frac{\sum x \sum y}{n} = \sum x_i y_i - n\bar{x}\bar{y} \qquad \text{식 10.5}$$

식 10.3에서 $\bar{x} = \dfrac{\sum x^2}{n}$ 를 이용하여 전개하면 다음과 같다. 이를 적용하면 식 10.4와 식 10.5도 동일한 방식으로 전개될 수 있다.

$$S_{(x,x)} = \sum (x_i - \bar{x})^2 = \sum (x_i^2 - 2x_i\bar{x} + \bar{x}^2) = \sum x_i^2 - 2\bar{x}\sum x + n\bar{x}^2$$

$$= \sum x_i^2 - 2\frac{\sum x}{n}\sum x + n(\frac{\sum x}{n})^2 = \sum x_i^2 - 2\frac{\sum x^2}{n} + \frac{\sum x^2}{n} = \sum x_i^2 - \frac{\sum x^2}{n} \qquad \text{식 10.6}$$

식 10.1을 오차항을 중심으로 식 10.7과 같이 전개할 수 있다.

$$\varepsilon_i = y - \beta_0 - \beta_i x_i = (y_i - \bar{y}) - \beta_i(x_i - \bar{x}) + (\bar{y} - \beta_0 - \beta_i\bar{x}) \qquad \text{식 10.7}$$

식 10.7의 양쪽 항을 제곱하면 식 10.8과 같다.

$$(y - \beta_0 - \beta_i x_i)^2 = (y_i - \bar{y})^2 + \beta_i^2(x_i - \bar{x})^2 + (\bar{y} - \beta_0 - \beta_i\bar{x})^2 - 2\beta_i(x_i - \bar{x})(y_i - \bar{y})$$

$$- 2\beta_i(x_i - \bar{x})(\bar{y} - \beta_0 - \beta_i\bar{x}) - 2(y_i - \bar{y})(\bar{y} - \beta_0 - \beta_i\bar{x}) \qquad \text{식 10.8}$$

식 10.8에서 모든 잔자의 제곱을 합하면 식 10.9와 같다.

$$SS = \sum (y_i - \bar{y})^2 + \beta_i^2\sum (x_i - \bar{x})^2 + \sum (\bar{y} - \beta_0 - \beta_i\bar{x})^2 - 2\beta_i\sum (x_i - \bar{x})(y_i - \bar{y})$$

$$-2\beta_i(\bar{y}-\beta_0-\beta_i\bar{x})\sum(x_i-\bar{x})-2(\bar{y}-\beta_0-\beta_i\bar{x})\sum(y_i-\bar{y}) \qquad \text{식 10.9}$$

식 10.9에서 평균편차의 합은 $\sum(x_i-\bar{x})=0$, $\sum(y_i-\bar{y})=0$이므로 정리하면 식 10.10과 같다.

$$
\begin{aligned}
SS &= \sum(y_i-\bar{y})^2+\beta_i^2\sum(x_i-\bar{x})^2+\sum(\bar{y}-\beta_0-\beta_i\bar{x})^2-2\beta_i^2\sum(x_i-\bar{x})(y_i-\bar{y})\\
&= S_{(y,y)}+\beta_i^2 S_{(x,x)}+n(\bar{y}-\beta_0-\beta_i\bar{x})^2-2\beta_i S_{(x,y)}\\
&= n(\bar{y}-\beta_0-\beta_i\bar{x})^2+S_{(y,y)}+\beta_i^2 S_{(x,x)}-2\beta_i S_{(x,y)}+\frac{S_{(x,y)}^2}{S_{(x,x)}}-\frac{S_{(x,y)}^2}{S_{(x,x)}}\\
&= n(\bar{y}-\beta_0-\beta_i\bar{x})^2+\beta_i^2(\sqrt{S_{(x,x)}})^2-2\beta_i S_{(x,y)}+(\frac{S_{(x,y)}}{\sqrt{S_{(x,x)}}})^2+S_{(y,y)}-\frac{S_{(x,y)}^2}{S_{(x,x)}}\\
&= n(\bar{y}-\beta_0-\beta_i\bar{x})^2+(\beta_i\sqrt{S_{(x,x)}}-\frac{S_{(x,y)}}{\sqrt{S_{(x,x)}}})^2-S_{(y,y)}-\frac{S_{(x,y)}^2}{S_{(x,x)}} \qquad \text{식 10.10}
\end{aligned}
$$

식 10.10에서 잔차 제곱의 합(SS)을 최소화하려면 완전제곱 부분을 모두 0으로 만들면 된다. 따라서 잔차 제곱의 합(SS)을 최소화하기 위해 식 10.11과 같이 정리할 수 있다.

$$\bar{y}-\beta_0-\beta_i\bar{x}=0, \quad \beta_i\sqrt{S_{(x,x)}}-\frac{S_{(x,y)}}{\sqrt{S_{(x,x)}}}=0 \qquad \text{식 10.11}$$

따라서, $\beta_0=\bar{y}-\beta_i\bar{x}$, $\beta_i=\dfrac{S_{(x,y)}}{S_{(x,x)}}$이다. 여기에 식 10.3과 식 10.5를 적용시켜서 전개하면 식 10.12와 같다.

$$\beta_i=\frac{S_{(x,y)}}{S_{(x,x)}}=\frac{\sum x_i y_i-n\bar{x}\bar{y}}{\sum x_i^2-n\bar{x}^2}, \quad \beta_0=\bar{y}-\beta_i\bar{x} \qquad \text{식 10.12}$$

식 10.12를 통해 β_0와 β_i가 산출되었으므로 최소제곱법에 의해 회귀식 10.1이 도출되었고, 회귀식 10.1에서 종속변수의 관측값(Y)에서 잔차(ε)를 뺀 종속변수 추정값($\hat{Y}=Y-\varepsilon$)이 식 10.13과 같이 도출되었다.

$$\hat{Y}=Y-\varepsilon=\beta_0+\beta_i X_i \qquad \text{식 10.13}$$

이와 같이 최소제곱법을 이용하면 잔차항의 분포와 관계없이 회귀계수 β_0, β_i를 산출할 수 있다. 만약 잔차의 분포가 정규분포를 하는 확률변수로 평균이 0이고 분산이 σ^2이라고 가정하면, 잔차들의 결합확률밀도함수는 모수 β_0, β_i, σ^2의 함수로 볼 수 있고 이 함수를 최대로 만드는 모수 β_0, β_i, σ^2를 추정할 수 있다. 이를 통해 회귀계수 β_0, β_i를 산출하는 방법을 최대우도법이라고 한다. 세부 유도식은 염준근 등(2017, p77)에서 확인할 수 있다.

10.2.2 단순 선형회귀 분석 사례

본 장에서는 단순 선형회귀 분석을 위하여 서울시 구별 2018년 연소득(만원)과 2019년 표준공시지가(만원)의 관계에 대해 어떤 선형회귀 관계가 있는지 살펴보고자 한다. 서울시 행정구별 소득이 증가하면 지가가 어떤 영향을 받을 수 있는지 그 관계를 확인하는 것이다.

가장 먼저 서울시 행정구별 소득과 지가의 관계를 보기위해 산포도를 작성한다. 산포도의 분포를 통해 두 변수가 어떤 관계(직선 또는 곡선)인지를 추정해 보고 회귀식의 차수를 결정할 수 있다. 서울시 행정구별 2018년 연소득과 2019년 표준공시지가를 산포도로 표시하면 그림 10.1과 같다.

그림 10.1과 같이 두 변수의 관계가 직선 관계임을 확인하였다면 연소득과 표준공시지가의 관계를 식 10.1과 같은 단순 선형회귀 모형으로 적합하면 된다. R Studio를 이용하여 다음 코드와 같이 연소득과 표준공시지가에 대해 단순 선형회귀 모형을 적합하면 회귀모형을 도출할 수 있다.

```
# 단순회귀모형 적합 실행
> land.lm=lm(jiga~income, data=land)
> summary(land.lm)
## Call:
## lm(formula = jiga19 ~ income, data = land)
## Residuals:
## Min 1Q Median 3Q Max
## -268.51 -122.06 -9.19 73.52 410.10
## Coefficients:
## Estimate Std. Error t value Pr(>|t|)
## (Intercept) -461.86846 180.94344 -2.553 0.0178 *
## income 0.31833 0.06437 4.946 5.34e-05 ***
## ---
## Signif. codes:
## 0 '***' 0.001 '**' 0.01 '*' 0.05 '.' 0.1 ' ' 1
## Residual standard error: 178.3 on 23 degrees of freedom
## Multiple R-squared: 0.5154,    Adjusted R-squared: 0.4943
## F-statistic: 24.46 on 1 and 23 DF, p-value: 5.338e-05
```

앞 코드의 회귀모형에서 지가(jiga)는 종속변수이며 소득(income)은 독립변수이다. 도출된 회귀식은 다음 식 10.14와 같다.

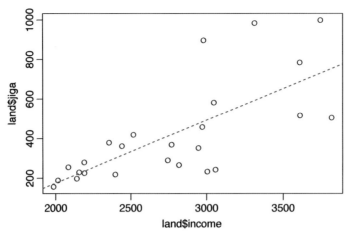

〈그림 10.1〉 서울시 행정구별 2018년 연소득과 2019년 표준공시지가의 산포도

$$\hat{Y}=Y-\varepsilon=\beta_0+\beta_i X_i=-461.86846+0.31833X \qquad 식\ 10.14$$

여기서 독립변수의 기울기에 대한 t-value는 4.946이고 p-value는 5.34e-05=5.34×10^{-5}으로 그 값이 매우 적기 때문에 통계적으로 99% 신뢰수준에서 유의하다. 또한 절편도 t-value가 −2.553 이고 p-value가 0.0178이므로 통계적으로 95% 신뢰수준에서 유의하다. 따라서 도출된 회귀식(식 10.14)의 절편과 기울기 모두 통계적으로 유의하므로 식 10.14가 통계적으로 유의함을 확인할 수 있다.

회귀식을 통해 도출된 독립변수와 지가의 관계는 결정계수(R^2)로 설명된다. 앞의 '# 단순회귀모형 적합 실행 결과'에서 도출된 결정계수는 0.5154로 소득 1단위 증가할 때 지가의 추정치가 약 0.5단위 증가하는 것으로 나타났다. 이 결정계수에 대한 통계적 유의성은 F 통계로 분석 되었다. 코드 결과에서 F-value는 24.46이고, 이에 대한 p-value는 5.338e-05이므로 결정계수가 99% 신뢰수준에서 통계적으로 유의함을 확인할 수 있다.

다음으로 아래 코드와 같이 잔차의 변화를 산포도로 확인할 수 있다.

```
# 잔차 산포도 작성
> plot(income, land.lm$resi,pch=19)
> abline(h=0,lty=2)
```

그림 10.2에서 잔차는 0을 중심으로 일정한 범위 내에 있으므로 회귀에 대한 기본 가정을 만족한다고 할 수 있으나, X가 증가함에 따라 잔차의 폭이 확대되고 있음을 확인할 수 있어 2차 곡선 등 다른 형태의 회귀식을 검토해보는 것도 방법일 것이다.

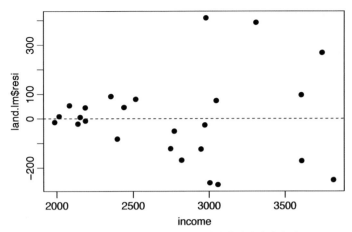

〈그림 10.2〉 소득에 의한 표준공시지가 추정치의 잔차 산포도

마지막으로 다음 코드와 같이 회귀식을 통해 추정되는 표준공시지가 추정값의 신뢰도를 확인할 수 있다. 이를 위해 각 지점의 표준공시지가 추정값과 그 값의 95% 신뢰구간의 범위를 도출하여 그림 10.3과 같은 신뢰도 그래프를 작성할 수 있다.

```
# 표준공시지가 추정값의 신뢰도 그래프 작성
# 추정값의 신뢰도 그리기
> p.x = data.frame(income=c(1900,4000))
# predict( ) 함수를 사용한 jiga 값의 적합치와 잔차의 범위의 시작 값과 끝 값 예측치
> pc = predict(land.lm,int='c',newdata=p.x)
> pc
## fit lwr upr
## 1 142.9525 7.17516 278.7298
## 2 811.4387 630.11540 992.7621
> pred.x=p.x$income
> plot(land$income, land$jiga, ylim=range(land$jiga, pc))
> matlines(pred.x, pc, lty=c(1,2,2), col='BLUE')
```

그림 10.3의 표준공시지가 추정치 신뢰구간 그래프에서 7개의 추정값이 신뢰도의 범위(상한값과 하한값)를 벗어남을 확인할 수 있다.

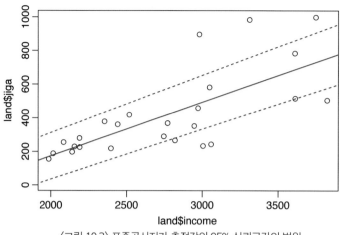

〈그림 10.3〉 표준공시지가 추정값의 95% 신뢰구간의 범위

10.3 지리 가중 회귀모형(GWR)

10.3.1 GWR의 필요성

앞서 설명하였듯이 일반 선형 회귀모형은 어떤 지역에 전체적으로 적용되는 전역적 변화를 설명하기 위해 사용된다. 따라서 이러한 전역적 회귀모형은 국지적 변화를 설명하지 못하는 한계를 갖게 된다. 지리 데이터는 전역적인 변화를 갖는 동시에 국지적인 변화를 가질 수 있기 때문이다. 예를 들어, 서울에서 주택가격에 영향을 주는 건물의 특성들, 즉 건물의 면적, 방의 수, 테라스 유무, 지하 보유 여부, 외벽 구조 등의 변수들은 서울의 주택가격에 영향을 추정하기 위해 사용될 수 있지만, 각 변수는 서울의 행정구별 주택가격 추정에 다른 영향을 줄 수 있다.

이러한 국지적인 영향을 고려하여 서울시 주택가격을 추정하기 위하여 서울시의 각 구에 대해 주택가격을 종속변수로 하고 동일한 주택 특성들을 독립변수로 하여 행정구별 주택가격 추정을 위한 일반 선형 회귀식들을 도출할 수 있다. 하지만 이렇게 하면 서울시 주택가격 추정에 있어서 다음과 같은 세 가지 오류를 가질 수 있다(Fotheringham et al. 2002). 우선, 서울시 행정구별로 주택의 유형이 다르므로 특정 독립변수에 대해 충분한 표본을 확보하기 어려울 수 있어 통계적인 오류가 발생할 수 있다. 구별로 특정 유형의 주택이 집중될 수 있으므로 독립변수들의 회귀계수 추정치가 상당한 표준 편차를 갖게 될 수 있다. 두 번째 문제는 서울시 전체적으로 주택가격의 변동에 미치는 변수들의 영향력이 존재한다면 이러한 영향력은 행정구별 회귀모형 도출에도 고려되어야 한다는 것이다. 하지만 이것을 고려할 방법이 없다. 마지막 문제는 행정구별로 도출한 회귀모델은 행정경계에서 연속성이 단절되는 불연속 모델로 대부분의 공간현상은 행정구역과 관계없이 발생하게 되므로 이러한 공간적 단절이 발생하지 않도록 모델을 개선할 필요가 있다.

연구지역에 대해 행정구역별 회귀모델을 도출하는 것의 문제점을 해결하고 국지적 변화를 고려하기 위해 Moving Window Regression(MWR) 모델을 고려할 수 있다(Hagerstrand 1965; Martin 1989; Fotheringham et al. 1996). MWR에서는 국지적인 변화가 있다고 판단되는 지역의 크기로 윈도우를 설정하여 윈도우별로 회귀계수를 산정하게 된다. 예를 들어, 연구지역에 대해 일정한 간격의 격자를 씌우고 좌상단부터 우측으로 두 칸, 아래로 두 칸에 포함되는 네 개의 격자를 윈도우로 설정하고 여기에 포함되는 데이터로 국지적인 회귀계수를 도출한다(그림 10.4). 그런 다음 우측으로 윈도우를 격자 한 칸만큼 이동하여 다시 네 개의 격자를 윈도우로 하고 여기에 포함되는 데이터로 국지적인 회귀계수를 도출한다. 이러한 방식으로 전체지역에 대해 반복하여 국지적인 회귀계수들을 도출하면 전역적 회귀모형에서 문제가 되었던 행정구별로 독립변수가 단절되는 문제와 독립변수 데이터의 누락 및 특성 차이 문제를 다소 해결할 수 있게 된다.

하지만 MWR에서도 연구지역 전체로 볼 때 윈도우에 포함되는 데이터는 가중치를 1로 주어 고려하고 그렇지 않은 데이터는 가중치를 0으로 주어 모델 도출에서 배제하게 되어 공간변동의 단절이 여전히 발생하고 있으며 격자의 크기에 따라 도출되는 회귀계수가 상당한 영향을 받게 된다. 또한, MWR 모델링에서 중심격자에 있는 데이터들은 회귀계수 추정에 반복적으로 사용되지만, 가장자리 격자에 있는 데이터들은 회귀계수 추정에 상대적으로 적게 사용되므로 가장자리 격자들을 이용하여 추정된 회귀계수는 상대적으로 높은 표준오차를 갖게 된다.

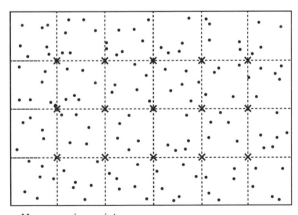

✕ regression point
• data point

〈그림 10.4〉 MWR의 개념도(Fotheringham et al., p.42)

이러한 방식으로 MWR도 범위 내의 데이터만 적용되도록 불연속 가중치(0과 1)를 이용하여 연속된 공간 프로세스를 표현하는데 논리적인 모순이 있다. 이러한 문제점을 해결하기 위해 지리 가중 회귀모형(GWR: Geographically Weighted Regression)이 제안되었다. GWR에서는 국지적인 변동을 고려하기 위해 MWR과 같은 방식으로 윈도우를 사용하여 윈도우별 회귀계수를 도출하는데, 이때 윈도우의 중심으로부터 가까이 있는 데이터를 멀리 있는 데이터보다 더 높은 가중치로 고려하여 계수를 도출하게 된다. 이렇게 하면 연속된 공간 프로세스를 고려할 수 있도록 거리가중치를 이용하여 데이터의 반영률을 연속적인 형태로 적용할 수 있게 된다. 하지만 GWR 역시 윈도우 크기(bandwidth)를 어떻게 설정하느냐에 따라 회귀계수에 상당한 영향을 미치게 된다. 또한, GWR에서 윈도우 내의 거리감소 함수(예를 들어, Gaussian, box-shaped 등)를 선택해야 한다(Siegmund and Worsley 1995). 다음 사례는 서울시 구별 인구와 범죄 건수에 대해 고정된 크기의 윈도우를 적용하여 GWR을 수행한 결과이다.

```
# 고정 윈도우를 이용한 GWR 모형 실행 결과
> bw <- gwr.sel(crime~pop+income, data=gu)
##, Bandwidth: 36711.38 CV score: 318584483
> outg <- gwr(crime~pop+income, data=gu, bandwidth=bw, hatmatrix=T)
> outg
## Call:
## gwr(formula = crime~pop+income, data = gu, bandwidth = bw, hatmatrix = T)
## Kernel function: gwr.Gauss
## Fixed bandwidth: 36711.38
## Summary of GWR coefficient estimates at data points:
## Min. 1st Qu. Median
## X.Intercept. -1.5249e+04 -1.4921e+04 -1.4727e+04
## pop 2.6319e-02 2.6656e-02 2.6928e-02
## income 5.9480e+00 6.0031e+00 6.0519e+00
## ...
## AIC (GWR p. 96, eq. 4.22): 474.5354
## Residual sum of squares: 225759344
## Quasi-global R2: 0.6227191
```

고정 윈도우를 이용한 GWR에 의해 인구수로부터 추정된 범죄건수를 그리기 위해 다음 코드와 같이 수행한다. 결과는 그림 10.5와 같다.

```
# 고정 윈도우를 이용한 GWR 결과 도식화
> summary(outg$SDF$pred)
> brks <-c (5695,10334,11432,13260,20722)
> cols <-c("gray95", "khaki", "pink", "red")
> plot(outg$SDF, col=cols[findInterval(outg$SDF$pred, brks, all.inside=TRUE)])
> title("Number of Crime : Predict GWR with fixed bandwidth")
> legend("topleft", fill=cols, cex=0.8, legend=c("5695-10334", "10334-11432", "11432-13260",
"13260-20722"),bty="n")
```

GWR이 고정된 크기의 윈도우(fixed spatial wiindow)를 사용할 경우 특정 지역에는 표본 데이터가 많지 않아 추정된 회귀계수에 상당한 표준오차가 포함될 수 있고 결과로 생성되는 종속변수 추정값 표면도 부드러운 연속면을 생성하기 어렵게 된다. 또한, 표본이 부족하여 회귀계수 추정이 어려울 수도 있다.

만약 데이터가 많지 않다면 크기를 조정할 수 있는 가변적 크기의 윈도우(adaptive spatial window)를 사용할 필요가 있다. 데이터가 성긴 지역에는 상대적으로 큰 윈도우를 사용하고 데이터가 밀집된 지역에는 작은 윈도우를 사용하는 것이다. 다음 사례는 서울시 구별 인구와 범죄 건수에 대해 가변적 크기의 윈도우를 적용하여 GWR을 수행한 결과이다. 결과에서 회귀계수를 선정하

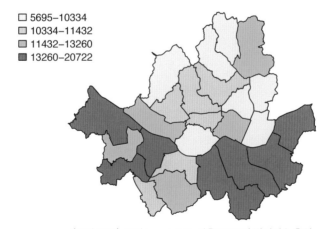

〈그림 10.5〉 고정 bandwidth 사용 GWR의 범죄건수 추정

기 위하여 고정된 거리내에 있는 이웃이 아니라 가까운 거리에 있는 22개의 이웃을 포함하는 가변 윈도우가 사용되었음을 확인할 수 있다. 또한, 잔자제곱합이 줄어들었고 결정계수의 설명력이 약 62%에서 64%로 증가하였음을 확인할 수 있다.

```
# 가변 윈도우를 이용한 GWR 모형 실행
) bw1 <- gwr.sel(crime~pop+income, data=gu, adapt=T)
## Adaptive q: 0.9199877 CV score: 318565250
) outgadapt <- gwr(crime~pop+income, data=gu, adapt = bw1, hatmatrix=T)
) outgadapt
## Call:
## gwr(formula = crime ~ pop+income, data = gu, adapt = bw1, hatmatrix = T)
## Kernel function: gwr.Gauss ,
## Adaptive quantile: 0.9199877 (about 22 of 25 data points)
## Summary of GWR coefficient estimates at data points:
## Min. 1st Qu. Median
## X.Intercept. -1.6776e+04 -1.5841e+04 -1.5053e+04
## pop 2.5556e-02 2.6409e-02 2.7528e-02
## income 5.7310e+00 5.9122e+00 6.1182e+00
## ...
## AIC (GWR p. 96, eq. 4.22): 473.4081
## Residual sum of squares: 212318272
## Quasi-global R2: 0.6451813
```

가변 윈도우를 이용한 GWR에 의해 인구수로부터 추정된 범죄건수를 그리기 위해 다음 코드와 같이 수행한다. 결과는 그림 10.6과 같다.

지리 가중 회귀모형은 지리적으로 변하는 독립변수와 종속변수의 관계를 탐색하기 위한 도구이다. 따라서 지리 가중 회귀모형은 공간데이터를 바탕으로 회귀모형을 이용하여 독립변수와 종속변수 관계의 지역적 차이를 확인하는 목적으로 사용한다. 지리 가중 회귀모형을 도출하면 각 지역별로 서로 다른 회귀계수들을 도출하게 되어 지역별로 종속변수에 대한 독립변수의 상이한 영향력을 확인할 수 있게 되는 것이다. 다만, 동일한 변수들을 사용하더라도 윈도우크기(Bandwidth)를 어떻게 선정하느냐에 따라 결과 회귀계수가 달라지므로 최적의 윈도우를 선정하여야 한다.

가변 윈도우를 이용한 GWR 결과 도식화

```
> summary(outgadapt$SDF$pred)
> brks <-c (5820,10350,11270,13340,21163)
> cols <-c("gray95", "khaki", "pink", "red")
> plot(outgadapt$SDF, col=cols[findInterval(outgadapt$SDF$pred, brks,
all.inside=TRUE)])
> title("Number of Crime : Predict GWR with adaptive bandwidth")
> legend("topleft", fill=cols, cex=0.8,legend=c("5820-10350", "10350-11270", "11270-13340",
"13340-21163"),bty="n")
```

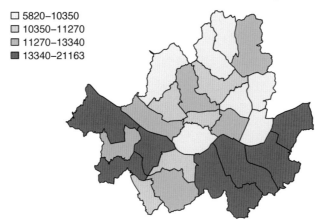

Number of Crime : Predict GWR with adaptive bandwidth

☐ 5820–10350
☐ 10350–11270
☐ 11270–13340
■ 13340–21163

〈그림 10.6〉 가변 bandwidth 사용 GWR의 범죄건수 추정

10.3.2 GWR 구성

일반 회귀식에서는 지역별로 변수가 동일하지만 GWR에서는 지역별로 회귀계수가 서로 상이하게 된다. 따라서 일반 회귀모형을 전역적 모델이라고 한다면 이에 반해 지리 가중 회귀모형은 국지적 모델이라고 할 수 있다. GWR의 기본 모델은 다음 식 10.15와 같다.

$$y_i = \beta_{i0} + \beta_{ik} \sum_{k=1}^{n} x_{ik} + \varepsilon_i, i = 1, 2, \cdots m \qquad \text{식 10.15}$$

여기서 y_i는 지역 i에 대한 관측값(종속변수)이며, x_{ik}는 지역 i에 대한 k번째 독립변수이고, β_{ik}는 지역 i에 대한 k번째 회귀 계수 이고, ε_i는 지역 I에 대한 회귀식의 추정값과 관측값의 차이(잔차)이다. 따라서 전역적 모델은 일정한 회귀계수와 잔차값을 가지게 되는 반면 국지적 모델인 GWR은 각 지역에대해 서로 다른 회귀계수와 잔차값을 갖게 되어 지역적 변동을 회귀식에 반영할 수 있다. 다시 말해 지역별로 상이한 회귀식이 도출되는 것이다. 국지적 변동을 나타낼 수 있는 국지적 회귀계수 추정과 더불어 계산되는 국지적 표준오차는 회귀계수 추정을 위해 사용된 데이터의 국지적 변동을 설명하는 데 필요하다.

다음으로 국지적 회귀계수를 도출하기 위해 고정적 크기의 윈도우를 사용할 수 있고 가변적 크기의 윈도우를 사용할 수 있다. 분석대상 지역에 대해 데이터가 고르게 분포한다면 고정적 크기의 윈도우를 사용할 수 있지만 대부분의 공간데이터는 지역에 따라 밀도가 다르게 분포한다. 이를 고려하려면 가변적 크기의 윈도우를 사용하여야 한다.

가변적 크기의 윈도우를 사용하기 위한 세 가지 방법이 있다. 우선, 국지적 회귀계수 추정 지점으로부터 데이터를 거리에 따라 순위를 정하고 순위에 따라 가중치를 주는 방법이다. 이렇게 되면 동일한 순위로 가중치가 같은 데이터가 밀도가 높은 지역에서는 회귀계수 추정 지점에 상대적으로 가까이 위치할 것이고 밀도가 낮은 지역에서는 추정 지점에 멀리 위치하게 될 것이다. 즉 데이터의 밀도에 따라 가변적 윈도우를 적용하게 되는 효과가 있다.

두 번째는 좀 더 복잡한 방법으로 국지적 가중치의 합을 일정하게 하는 방법이다. 회귀계수 추정 지점으로부터 각 데이터는 거리에 따른 가중치를 갖게 되는데 가중치의 합을 일정하게 설정하면 데이터 밀도에 따라 가변적 윈도우를 적용하는 효과를 나타내게 된다. 데이터의 밀도가 높은 지역에서는 좁은 범위에서 설정된 가중치의 합에 도달할 것이고 밀도가 낮은 지역에서는 더 넓은 범위에서 설정된 가중치의 합에 도달하게 될 것이다.

마지막으로 국지적 회귀계수 추정 지점으로부터 가중치를 고려할 때 N번째 데이터까지만 고려하여 가중치를 설정해 주고 N+1번째 데이터부터 가중치가 0이 되도록 N을 설정해 주는 방법이다. 이렇게 하면 회귀계수 추정 지점으로부터 N번째 데이터까지 거리에 따라 가중치가 점점 줄어드는 방식으로 데이터 밀도가 높은 지역에서는 N번째 데이터가 짧은 거리에 위치하게 되고 그 위치까지 가중치가 급격하게 줄어들게 되지만 밀도가 낮은 지역에서는 N번째 데이터가 멀리 위치하여 가중치가 상대적으로 천천히 줄어들게 된다. 이 방법은 특히 윈도우의 크기를 N번째 데이터까지로 설정해 주는 효과도 있게 된다.

10.3.3 윈도우 크기 설정

앞서 설명하였듯이 GWR처럼 국지적 변동을 설명하기 위한 모델들은 윈도우의 크기에 영향을 받는다. 가장 접합한 크기의 윈도우를 사용하여 회귀식을 도출하면 그 회귀식을 통해 종속변수의 관측치와 추정치 차이(잔차)를 최소화하게 된다. 역으로 회귀식의 종속변수에 대한 관측치와 추정치의 차이를 최소화하는 윈도우의 크기를 찾으면 되는 것이다. 이러한 방법으로 교차검증(Cross-Validation; CV) 방법이 있다. CV는 다음 식 10.16과 같다.

$$CV = \sum_{i=1}^{n} [y_i - \hat{y}_{i \neq 1}(b)]^2 \qquad 식 10.16$$

여기서 $\hat{y}_{i \neq 1}(b)$는 계산 과정에서 생략되는 데이터 i의 관측치인 y_i의 추정된 값이며, b는 이때 사용된 윈도우의 크기이다.

위 식에서 윈도우의 크기를 달리하면서 국지적 회귀식들을 도출하고 이를 바탕으로 CV를 산정해보면 CV 값이 최소가 되게 하는 윈도우 크기를 도출할 수 있을 것이다. 이때, 관측지점을 선정하기 위한 방식은 두 가지이다. 첫 번째 방법은 거리기반으로 CV를 산정하여 최적의 윈도우의 크기를 도출하는 방법이다. 이렇게 하면 고정된 윈도우의 크기를 도출하게 된다. 두 번째 방법은 이웃의 수를 기반으로 CV를 산정하여 최적의 이웃 수를 도출하는 방법이다. 이렇게 하여 회귀식 도출에 필요한 이웃 수를 도출하면 각 지역별로 크기가 다른 윈도우를 사용하게 되므로 가변적 윈도우 크기를 사용하게 된다.

그림 10.7은 서울시의 행정구별 인구수와 가구소득을 독립변수로 범죄건수를 추정하기 위한 GWR 모형의 고정 윈도우 크기를 설정하기 위해 거리기반 CV 값을 도출한 그래프이다. CV가 약 37km 지점에서 최소가 되므로 앞서 제시한 GWR 결과 값이 Fixed bandwidth: 36711.38이었고, 이에 따라 각 지역의 GWR 도출을 위해 약 36.7km 크기의 윈도우를 사용하게 된다.

이에 반해 그림 10.8은 서울시의 행정구별 인구수와 가구소득을 독립변수로 범죄건수를 추정하

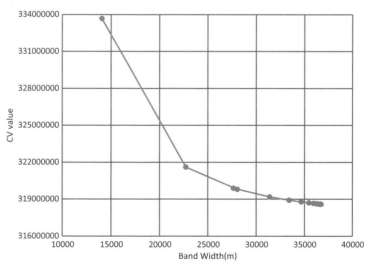

〈그림 10.7〉 서울시 구별 범죄건수에 대한 GWR 모형의 고정 윈도우 크기 확인을 위한 교차검증 점수

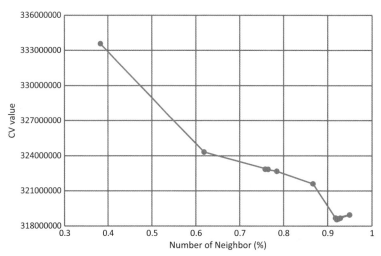

〈그림 10.8〉 서울시 구별 범죄건수에 대한 GWR 모형의 가변 윈도우 크기 확인을 위한 교차검증 점수

기 위한 GWR 모형의 가변 윈도우 크기를 설정하기 위해 이웃에 포함되는 숫자의 백분위(%)를 기반으로 CV 값을 도출한 그래프이다. CV가 약 92% 지점에서 최소가 되므로 앞서 제시한 GWR 결과 값이 Adaptive quantile: 0.9199877(about 22 of 25 data points)이었고, 이에 따라 지역별 GWR 도출을 위해 22개의 이웃을 포함하는 가변 윈도우를 사용하게 된다.

GWR 모형 도출에 있어서 윈도우 크기를 설정할 수 있는 다른 방법으로 Akaike Information Criterion(AIC)(Hurvich et al. 1998)를 사용할 수 있다. AIC 방법은 CV와 같이 선형 GWR 모델에 적용될 뿐만 아니라 포아송 GWR 및 로지스틱 GWR에도 사용 가능한 장점이 있고 특히 서로 다른 자유도를 사용하는 GWR이 전역적 회귀모델보다 추정을 잘하고 있는지 확인할 수 있게 해준다. 또 다른 방법으로 Bayesian Information Criterion(BIC)(Nakaya 2002)을 사용할 수 있다.

마지막으로 GWR의 국지적 회귀계수들이 통계적으로 유의미한지 확인하여야 한다. 이를 위해 1) 윈도우의 크기(bandwith)의 적정성 평가를 통해 GWR이 전역적 회귀모형보다 우수한지, 2) GWR 에서 지점별로 추정된 회귀계수가 지점에 따라 차이가 있는지를 평가하여야 한다(Brunsdon et al. 1996). 우선 위도우 크기의 적정성 평가를 위해 CV를 사용할 수 있다. 위 교차검증(CV) 그림(그림 10.7과 그림 10.8)에서 윈도우의 크기가 가장 큰 값이 바로 전역 모델과 유사한 것이다. 따라서 전역 모델에 비해 GWR의 CV 값이 매우 작게 된다. 앞서 기술한바와 같이 CV는 종속변수의 추정값과 관측값의 차의 제곱이므로 CV가 작다는 것은 GWR 모델이 종속변수를 보다 정확히 추정할 수 있어 전역 모델에 비해 우수한 모델임을 증명하는 것이다.

다음으로 몬테카를로 시뮬레이션을 통해 지점 i에서 추정된 회귀계수(β_{ki})가 지점이 바뀌어도 변하지 않는지를 검증한다(Brunsdon et al. 1996, Charlton et al. 2009, Chi et al. 2013). 다음 식 10.17에서 β_{ki}의 변동성(V_j)은 i 지점에서 추정된 독립변수 j의 회귀계수(β_{ij})와 모든 지점에서 추정된 독립변수 j의 회귀계수들의 평균($\beta._j$)의 편차의 제곱의 합으로 표현된다. V_j가 충분히 크다면 독립변수 j에 대해 i 지점에서 추정된 회귀계수는 다른 지점에서 추정된 변수 j의 회귀계수들과 충분히 다름을 확인하게 되는 것이다.

$$V_j = \sum_i (\beta_{ij} - \beta._j)^2 / N \qquad\qquad 식\ 10.17$$

이와 같이 GWR은 각 회귀 추정 지점으로부터 윈도우를 설정하고 거리조락에 따라 연속되는 가중치를 부여하여 각 회귀 추정 지점별 회귀계수를 도출하고 이를 통해 종속변수를 추정하게 된다. 이때 회귀 추정 지점은 연구지역 내에 일정한 간격으로 배치할 수도 있고 개별 데이터를 회귀 추정 지점으로 설정하여 모든 데이터에 대해 회귀계수를 도출할 수도 있다. 윈도우의 크기를 설정하는 것이 중요한데, 이를 위해 CV 또는 AIC 를 사용할 수 있다. AIC 방법은 다양한 GWR 모델에 적용할 수 있어 선호되는데, 일반적으로 AIC를 이용하여 최적의 관측 데이터 수를 선정하여 국지적 회귀계수 도출에 적용함으로써 가변적 윈도우 크기를 적용하게 된다.

10.4 R을 이용한 회귀분석 실습

RStudio를 실행하자. 실습 디렉토리(ch10)에 있는 데이터를 확인한다. 실습 폴드에 있는 데이터는 다음과 같다.

Gu.shp: 서울시의 행정구별 인구, 소득, 지가, 범죄건수 데이터를 사용한다. 인구 데이터는 통계청의 국가통계포털(KOSIS)에서 다운로드한 2018년 서울시 행정구별 총인구이다.

소득 데이터는 공공데이터포털(Data.go.kr)의 '국민연금 자격 시구신고 평균소득월액' 데이터 중 '2019년도 4월기준 14_18년 시군구별 평균소득월액'에서 2018년도 서울시 행정구별 평균소득월액을 12배하여 연소득(단위 만원)으로 계산하였다.

범죄건수 데이터는 공공데이터포털(Data.go.kr)의 '[범죄통계] 발생 및 검거 현황(지방경찰청별)' 중에서 '전국 경찰서별 범죄발생 및 검거 현황_(2010_2018)'으로부터 2018년 서울시 경찰청 범죄건수 데이터를 추출하고 경찰청별 담당구역을 확인하여 서울시 행정구별로 합산한 범죄건수 데이터이다.

지가 데이터는 국가공간정보포털(nsdi.go.kr)의 국가중점 개방데이터 중 2019년 3월에 제공된

'표준지공시지가'정보를 내려받아 행정구별로 단위면적(m^2)당 평균지가를 만원 단위로 계산한 데이터이다.

```
> library(rgdal) // OGR 사용을 위해 필요
> library(tmap) // 주제도 작성을 위해 필요, tm_shpae( )에 필요

// 작업 경로 설정이 필요하면 > setwd('c:/RSpatial/ch10')로 설정하면 된다.
# 서울 Gu.shp 데이터를 불러오자
> gu <- readOGR(dsn = "c:/RSpatial/ch10/Gu.shp", integer64="allow.loss")
# 만약 데이터가 Text 파일로 존재한다면 다음 코드와 같이 불러오기 하면 된다.
# super=read.table('c:/RSpatial/ch10/Gu.txt', header=T)
```

10.4.1 단순 선형회귀 분석

서울시 구별 2018년 연소득(만원)과 2019년 지가(만원)의 관계에 대해 회귀함수 관계가 있는지 살펴보자. R을 이용하여 회귀모형을 적합해 보자.

회귀분석에서 사용할 데이터는 data.frame 구조를 가져야 한다. 따라서 앞서 shapefile에서 불러오기한 서울시 행정구(gu.shp) 데이터에서 가구소득(Income18)과 지가(Giga19) object 데이터를 이용해 data.frame을 만들고 사용한다.

```
# 가구소득과 지가를 포함하는 data.frame 만들기
> income = gu$Income18 // = 와 -> 모두 할당 연산자로 사용할 수 있다.
> jiga <- gu$Giga19
> land <- data.frame(income, jiga)
> land
##    income    jiga
## 1 2770.061 368.756
## 2 2979.778 896.772
## 3 3310.837 983.675
## …
## 23 3047.243 581.668
## 24 3744.847 998.565
## 25 3609.154 783.825
```

> length(income)

[1] 25

> attach(land)

The following objects are masked _by_ .GlobalEnv:

income, jiga

land 데이터의 산포도를 그려보자.

> plot(income, jiga, pch=a)

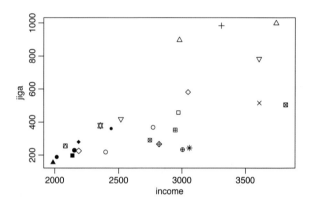

회귀모형과 분석분석표 구하기

> land.lm=lm(jiga~income, data=land)

> plot(land$income, land$jiga)

> abline(land.lm, lty=2, col='BLUE')

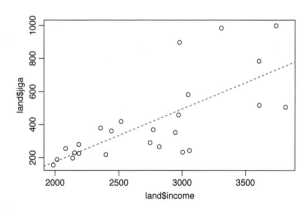

> summary(land.lm)

Call:

```
## lm(formula = jigal9 ~ income, data = land)
## Residuals:
##     Min      1Q Median     3Q      Max
## -268.51  -122.06   -9.19  73.52   410.10
## Coefficients:
##               Estimate Std. Error t value Pr()|t|
## (Intercept) -461.86846  180.94344  -2.553  0.0178 *
## income         0.31833    0.06437   4.946 5.34e-05 ***
## ---
## Signif. codes:
## 0 '***' 0.001 '**' 0.01 '*' 0.05 '.' 0.1 ' ' 1
## Residual standard error: 178.3 on 23 degrees of freedom
## Multiple R-squared: 0.5154,    Adjusted R-squared: 0.4943
## F-statistic: 24.46 on 1 and 23 DF, p-value: 5.338e-05

# 신뢰구간 95%에서의 F 기대값 확인
> qf(0.95,1,23)
## [1] 4.279344
# F 산정 값과 자유도를 이용한 유의확률 값 계산
> 1-pf(24.46,1,23)
## [1] 5.336738e-05
```

지금까지의 회귀식의 결과를 해석하면 다음과 같다. 회귀계수 추정값은 절편이 −461.86이고 독립변수인 Income18의 계수는 0.318이다. 따라서 회귀식은 $\hat{Y}=-461.86+0.318X$이다. 여기서 종속변수(Y)는 2019년 지가(Giga19) 이고 독립변수는 2018년 가구소득(Income18)이다. 기울기에 대한 t-value는 4.946이고, p-value는 5.34e-05=$5.34×10^{-5}$으로 그 값이 매우 적기 때문에 유의하다. 또한 절편도 t-value가 −2.553이고 p-value가 0.0178이므로 통계적으로 95% 신뢰수준에서 유의하다. 따라서 도출된 회귀식은 통계적으로 유의함을 확인할 수 있다.

회귀식을 통해 도출된 독립변수와 지가의 관계를 설명하는 결정계수는 0.4954로 소득이 1단위 증가할 때 지가의 추정치가 약 0.5단위 증가하는 것으로 나타났다. 이 결정계수의 유의성을 확인할 수 있는 F-value는 24.46 166.85이고, 이때 기각역은 아래와 같이 4.279344이고 이에 대한 p-value로 5.338e-05로서 도출된 결정계수가 통계적으로 유의하다는 것을 알 수 있다.

$$F0 = 24.46 \rangle F \text{ 기각역 } F(1,23;0.05) \text{의 값 } qf(0.95,1,23)=4.279344$$
$$1-pf(24.46,1,23)=5.336738e-05=5.337\times10^{-5}$$

```
> anova(land.lm)
## Analysis of Variance Table
## Response: jiga
##           Df Sum Sq Mean Sq F value   Pr(>F)
## income     1 777856  777856  24.459 5.338e-05 ***
## Residuals 23 731452   31802
## ---
## Signif. codes:
## 0 '***' 0.001 '**' 0.01 '*' 0.05 '.' 0.1 ' ' 1
```

분산 분석을 통해 SSR과 SST를 확인하고 결정계수를 해석하면 다음과 같다. 추정값의 표준오차 (standard error of estimate)는 178.3으로 MSE의 제곱근 sqrt(31802) 이다. 결정계수는 0.5154 = SSR / SST = 777856 / (777856 + 731452) 이므로 총 변동 중에서 회귀 방정식으로 설명되는 부분이 51.54%라는 것을 나타낸다.

```
# 잔차, 추정값 보기 및 잔차 그림 그리기
> names(land.lm)
[1] "coefficients" "residuals" "effects" "rank" "fitted.values" "assign"
[6] "qr" "df.residual" "xlevels" "call" "terms" "model"

> cbind(land, land.lm$resi, land.lm$fit)
## income jiga land.lm$resi land.lm$fit
## 1 2770.061 368.756  -51.160191 419.9162
## 2 2979.778 896.772  410.097267 486.6747
## 3 3310.837 983.675  391.615315 592.0597
## 4 3611.338 516.164 -171.553207 687.7172
## ....
## 22 2971.764 457.981  -26.142662 484.1237
## 23 3047.243 581.668   73.517350 508.1507
## 24 3744.847 998.565  268.348300 730.2167
```

25 3609.154 783.825 96.803019 687.0220

내용을 해석하면 다음과 같다. 결과에서 jiga는 2019년 표준공시지가, land.lm\$fit은 공시지가 추정값, land.lm\$resi는 잔차. 잔차는 표준공시지가와 공시지가 추정값의 차이이다.

```
# X값에 따라 잔차의 변화 그리기
> plot(income, land.lm$resi,pch=19)
# abline(h=0,lty=2)은 잔차가 0인 선을 그리되, 라인 타입을 점선(lty=2)으로 그리기
> abline(h=0,lty=2)
```

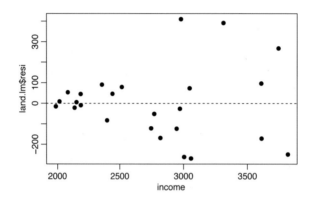

그림에서 보면 잔차는 0을 중심으로 일정한 범위 내에 있으므로 회귀에 대한 기본 가정을 만족한다고 할 수 있으나, X가 증가함에 따라 잔차의 폭이 확대되고 있음을 확인할 수 있어 2차 곡선 회귀식을 검토해보는 것도 방법일 것이다.

```
# 추정값의 신뢰도 그리기
> p.x = data.frame(income=c(1900,4000))
> pc = predict(land.lm,int='c', newdata=p.x)
# predict( ) 함수를 사용한 jiga 값의 적합지와 잔차의 범위의 시작 값과 끝 값 예측치
> pc
##      fit       lwr       upr
## 1 142.9525   7.17516  278.7298
## 2 811.4387 630.11540  992.7621

> pred.x=p.x$income
> plot(land$income, land$jiga, ylim=range(land$jiga, pc))
```

> matlines(pred.x, pc, lty=c(1,2,2), col='BLUE')

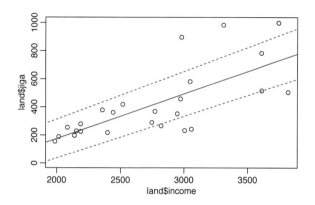

그림의 산포도에서 7개의 추정값이 신뢰도의 범위(상한값과 하한값 점선)를 벗어남을 확인할 수 있다.

10.4.2 GWR 연습

지리 가중 회귀모형의 연습을 위해서는 서울시 행정구별 인구, 소득, 지가, 범죄건수를 모두 사용해 보자(Dennett, 2014).

> library(spgwr) //spgwr이 없다는 오류가 발생하면 먼저 spgwr 패키지를 인스톨 하자
> library(ggplot2)
> library(maptools)

앞서 불러온 서울시 행정구 shapefile (gu.shp) 로부터 서울 구별 인구, 소득, 지가, 범죄건수를 모두 포함하는 data.frame 만들기
> income = gu$Income18
> jiga <- gu$Giga19
> pop <- gu$Ingu18
> crime <- gu$Crime18
> x <- gu$X
> y <- gu$Y
> crimech <- data.frame(income, pop, jiga, crime, x, y)
> crimech
income   pop   jiga   crime   x   y

```
## 1   2770.061   414231   368.756   10436   212912.4   449888.7
## 2   2979.778   638167   896.772   18233   210126.1   444767.8
## 3   3310.837   507810   983.675   30751   205473.4   443895.3
## …
## 23  3047.243   226938   581.668   10017   198177.6   447803.4
## 24  3744.847   129797   998.565   11237   199566.4   450868.6
## 25  3609.154   157967   783.825   10749   197958.9   454670.8
```

〉attach(crimech)

#먼저 다중 회귀 모형을 실행해 보자. 아래와 같은 결과를 얻게 될 것이다.

〉model1 〈- lm(crime ~ pop+income+jiga)

〉summary(model1)

```
## Call:
## lm(formula = crime ~ pop + income + jiga)
## Residuals:
##    Min      1Q    Median    3Q      Max
## -4736.6  -2077.1  -455.9   1751.7   9292.2
## Coefficients:
##              Estimate Std. Error t value Pr(>|t|)
## (Intercept) -1.093e+04  4.781e+03  -2.287  0.032702 *
## pop          2.579e-02  5.443e-03   4.738  0.000111 ***
## income       3.803e+00  1.652e+00   2.302  0.031698 *
## jiga         6.814e+00  3.595e+00   1.895  0.071900 .
## ---
## Signif. codes: 0 '***' 0.001 '**' 0.01 '*' 0.05 '.' 0.1 ' ' 1
## Residual standard error: 3064 on 21 degrees of freedom
## Multiple R-squared: 0.6706,   Adjusted R-squared: 0.6236
## F-statistic: 14.25 on 3 and 21 DF, p-value: 2.729e-05
```

여기서 유의한(p<0.01) 모델을 확인할 수 있으며 결정계수가 0.67로 67%의 설명력을 보여 주고 있다. 회귀계수를 살펴보면 독립변수인 2018년 인구(pop), 가구소득(income), 지가(jiga) 모두는 종

속변수인 2018년 범죄 발생 건수와 양의 관계를 나타내고 있다.

이 모델과 관련된 산포도(추정치에 대해 표준화된 잔차 산포도)를 살펴보면 점 집합에서 특별한 패턴이 나타나지 않으므로 이 모델이 올바르게 설정되었음을 알 수 있다. 다만, 변수 지가(jiga)의 회귀계수에 대한 유의성이 낮아(90%에 해당) 독립변수에서 제외를 고려할 수 있지만 여기서는 실습을 목적으로 하므로 계속 포함하여 진행하도록 하였다.

```
> plot(model1, which=3)
```

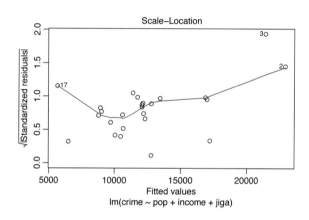

다음으로 잔차를 그려서 공간적 패턴이 나타나는지 확인해 보자.

```
> resids<-residuals(model1)
> colours <- c("dark blue", "blue", "red", "dark red")
```

여기서 동서 좌표와 남북 좌표는 각각 Gu 데이터의 x와 y 칼럼에 저장되어 있는 데이터를 사용한다. 이를 위해 초기에 x, y 값을 미리 data.frame에 포함했다면 cbind(x,y)로 사용하면 된다.

```
> map.resids <- SpatialPointsDataFrame(data
=data.frame(resids), coords=cbind(x,y))
```

빠르게 진행하기 위해 sp 패키지의 spplot 함수를 사용한다. 하지만 잔차를 Gu 데이터에 다시 넣을 수 있고 ggplot2 라이브러리에 있는 geom_point를 이용하여 그릴 수 있다.

```
> spplot(map.resids, cuts=quantile(resids),
```

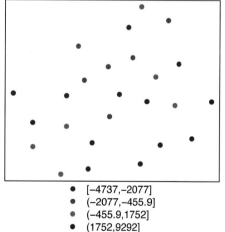

col.regions=colours, cex=1)

이 그림에서 빨간색은 지역의 우하단 쪽에 모여 있고, 파란색은 중앙부 상단에 모여 있으며, 갈색은 중앙 하단에 모여 있음을 확인해 볼 수 있다. 이렇게 잔차에서 공간적 패턴을 어느 정도 확인할 수 있으므로 국지적 경향이 있음을 확인하였고, 이를 지리 가중 회귀모형을 이용하여 모델의 계수가 서울시 지역별로 어떻게 달라질 수 있는지 확인하도록 해보자.

먼저 각 회귀 모델에 사용될 데이터를 선택하는 데 사용할 윈도우의 크기를 설정하고 모델을 실행하자.

```
# CV(cross-validation)를 이용하여 윈도우 크기(kernel bandwidth)를 계산
> bw <- gwr.sel(crime ~ pop+income+jiga, data = crimech, coords=cbind(x,y), adapt=T)
## Adaptive q: 0.381966 CV score: 463585272
## Adaptive q: 0.618034 CV score: 437469641
## Adaptive q: 0.763932 CV score: 431690797
## Adaptive q: 0.7974985 CV score: 430544607
## …
## Adaptive q: 0.9998515 CV score: 417110780
## Adaptive q: 0.9999082 CV score: 417105344
## Adaptive q: 0.999949 CV score: 417101445
## Adaptive q: 0.999949 CV score: 417101445

# AIC를 이용하여 윈도우 크기(kernel bandwidth)를 계산
> bw1 <- gwr.sel(crime ~ pop+income+jiga, data = crimech, coords=cbind(x,y), adapt=T,
method="aic")
## Bandwidth: 0.381966 AIC: 485.5403
## Bandwidth: 0.618034 AIC: 483.1033
## Bandwidth: 0.763932 AIC: 482.5774
## Bandwidth: 0.7934321 AIC: 482.48
## …
## Bandwidth: 0.9599668 AIC: 481.7527
## Bandwidth: 0.960095 AIC: 481.7526
## Bandwidth: 0.9600136 AIC: 481.7526
```

Bandwidth: 0.9600136 AIC: 481.7526

위에서 bandwidth의 크기는 CV를 이용했을 때 최소 CV 점수가 417105344일 때 bandwidth가 0.9999082이고, AIC를 이용했을 때 최소 AIC가 481.7527일 때 bandwidth가 값인 0.9599668로 확인되었다. 이를 이용하여 gwr 모델을 실행해 보자

CV기반 bandwidth를 이용하여 gwr 모델을 실행
> gwr.model = gwr(crime ~ pop+income+jiga, data=crimech, coords=cbind(x,y), adapt=bw, hatmatrix = TRUE, se.fit=TRUE)
모델 결과는 다음과 같다.
> gwr.model
Call:
gwr(formula = crime ~ pop + income + jiga, data = crimech, coords = cbind(x,
y), adapt = bw, hatmatrix = TRUE, se.fit = TRUE)
Kernel function: gwr.Gauss
Adaptive quantile: 0.999949 (about 24 of 25 data points)
Summary of GWR coefficient estimates at data points:
Min.   1st Qu.   Median   3rd Qu.   Max.   Global
X.Intercept. -1.222e+04 -1.175e+04 -1.135e+04 -1.101e+04 -1.041e+04 -10932.9004
pop   2.572e-02 2.625e-02 2.657e-02 2.694e-02 2.780e-02   0.0258
income   3.620e+00 3.735e+00 3.857e+00 3.938e+00 4.068e+00   3.8032
jiga   6.706e+00 6.777e+00 6.808e+00 6.819e+00 6.846e+00   6.8142
Number of data points: 25
Effective number of parameters (residual: 2traceS - traceS'S): 4.91984
Effective degrees of freedom (residual: 2traceS - traceS'S): 20.08016
Sigma (residual: 2traceS - traceS'S): 3070.402
Effective number of parameters (model: traceS): 4.48556
Effective degrees of freedom (model: traceS): 20.51444
Sigma (model: traceS): 3037.729
Sigma (ML): 2751.749
AICc (GWR p. 61, eq 2.33; p. 96, eq. 4.21): 481.7608
AIC (GWR p. 96, eq. 4.22): 471.4321

Residual sum of squares: 189303102

Quasi-global R2: 0.6836434

AIC기반 bandwidth를 이용하여 gwr 모델을 실행

⟩ gwr.model1 = gwr(crime ~ pop+income+jiga, data=crimech, coords=cbind(x,y), adapt=bw1, hatmatrix = TRUE, se.fit=TRUE)

모델 결과는 다음과 같다.

⟩ gwr.model1

Call:

gwr(formula = crime ~ pop + income + jiga, data = crimech, coords = cbind(x,

y), adapt = bw1, hatmatrix = TRUE, se.fit = TRUE)

Kernel function: gwr.Gauss

Adaptive quantile: 0.9600136 (about 24 of 25 data points)

Summary of GWR coefficient estimates at data points:

##	Min.	1st Qu.	Median	3rd Qu.	Max.	Global
## X.Intercept.	-1.231e+04	-1.185e+04	-1.143e+04	-1.101e+04	-1.036e+04	-10932.9004
## pop	2.571e-02	2.631e-02	2.671e-02	2.709e-02	2.783e-02	0.0258
## income	3.604e+00	3.733e+00	3.866e+00	3.962e+00	4.095e+00	3.8032
## jiga	6.704e+00	6.767e+00	6.807e+00	6.819e+00	6.847e+00	6.8142

Number of data points: 25

Effective number of parameters (residual: 2traceS - traceS'S): 5.010283

Effective degrees of freedom (residual: 2traceS - traceS'S): 19.98972

Sigma (residual: 2traceS - traceS'S): 3065.799

Effective number of parameters (model: traceS): 4.536739

Effective degrees of freedom (model: traceS): 20.46326

Sigma (model: traceS): 3030.118

Sigma (ML): 2741.429

AICc (GWR p. 61, eq 2.33; p. 96, eq. 4.21): 481.7526

AIC (GWR p. 96, eq. 4.22): 471.2954

Residual sum of squares: 187885784

Quasi-global R2: 0.686012

GWR 운용결과, CV에 의한 bandwidth가 0.9999082일 때 잔차의 제곱합은 189303102 이고 결정계수(R^2)는 0.6836434 이고, AIC에 의한 bandwidth가 0.9599668일 때 잔차의 제곱합은 187885784 이고 결정계수(R^2)는 0.686012 이다. 따라서 이 사례의 경우 잔차제곱합도 작고 결정계수의 설명력도 높은 AIC 방법으로 bandwidth를 설정한 GWR이 더 적합한 모델로 확인되었다.

AIC를 이용한 GWR 모델의 결과는 서울의 25개 행정구에 걸쳐 회귀계수가 어떻게 달라지는지를 보여준다. 독립변수 인구수(pop)의 Global 계수 0.258은 앞서 수행했던 선형회귀(lm) 모델의 계수 2.579e−02와 거의 동일함을 확인할 수 있다. 우리의 GWR 모델 결과에서 인구수 변수의 계수가 최소값이 0.0257이고 최대값이 0.0278이므로 행정구의 지역에 따라 인구수에 1단위 변동이 범죄 건수에 최소 0.0257건 증가시키는 지역부터 최대 0.0278건 증가시키는 지역까지 인구수가 범죄 건수 증가에 미치는 영향이 지역별로 다양하게 존재한다는 것을 확인할 수 있다. 또한, 인구수 회귀계수의 1쿼터부터 3쿼터 값이 0.0263~0.0271이므로 서울시 25개 지역 중 절반의 경우 인구수 1단위 증가할 때 범죄 건수는 0.0263부터 0.0271까지 지역에 따라 다르게 증가함을 보여주고 있다.

이와 동일한 방법으로 지역별 가구수입(income)의 증가에 따라 범죄 건수의 증감이 어떻게 달라지는지, 지역별 지가(jiga)의 크기가 범죄 건수에 어떻게 영향을 미치는지 해석해 보자.

회귀계수 지역별 차이를 공간 패턴으로 확인할 수 있다. 이를 위해 독립변수별 GWR 계수를 그림으로 나타내 보자. 우선, 원래의 데이터 프레임에 회귀계수를 결합하여야 한다. 이를 위해 데이터 입력자료로 사용했던 gu.shp 파일의 geometry를 경계데이터로 불러오기 하여 사용할 것이다.

```
# GWR에 의해 생성된 각 지점의 회귀식관련 계수 및 정보들은 다음과 같다.
> results<-as.data.frame(gwr.model1$SDF)
> head(results)
##     sum.w   X.Intercept.    pop        income      jiga
## 1 20.58243   -11185.04   0.02631578   3.832852   6.812172
## 2 20.06211   -11708.71   0.02681417   3.962810   6.804293
## 3 20.00727   -12201.47   0.02741828   4.061459   6.805963
## 4 20.30058   -12319.32   0.02744861   4.095668   6.822484
## 5 21.00560   -12053.05   0.02709842   4.031916   6.846984
## 6 21.16631   -12097.49   0.02729950   4.018819   6.841482
##   X.Intercept._se    pop_se      income_se   jiga_se
## 1     4777.776   0.005445573   1.651954   3.590299
## 2     4805.191   0.005466714   1.659851   3.599648
```

```
## 3      4827.646   0.005480151   1.664125   3.599660
## 4      4809.060   0.005451027   1.656111   3.579686
## 5      4773.148   0.005418388   1.645345   3.564764
## 6      4773.064   0.005419608   1.645510   3.567162
##        gwr.e       pred       pred.se      localR2
## 1   -2409.034   12845.03    663.3311    0.6867762
## 2   -5080.403   23313.40   2076.2596    0.6890947
## 3    8887.510   21863.49   1794.4494    0.6915507
## 4    2290.995   17233.00   1373.6059    0.6923949
## 5    2157.828   12144.17    996.1964    0.6916746
## 6   -2876.424   11746.42    726.4319    0.6920342
##   X.Intercept._se_EDF   pop_se_EDF   income_se_EDF
## 1          4834.036    0.005509696      1.671407
## 2          4861.774    0.005531086      1.679397
## 3          4884.493    0.005544682      1.683721
## 4          4865.689    0.005515215      1.675612
## 5          4829.354    0.005482192      1.664719
## 6          4829.269    0.005483426      1.664887
##    jiga_se_EDF   pred.se.1       x          y
## 1    3.632576    671.1421    212912.4   449888.7
## 2    3.642035   2100.7084    210126.1   444767.8
## 3    3.642047   1815.5797    205473.4   443895.3
## 4    3.621838   1389.7806    202688.4   441286.2
## 5    3.606740   1007.9270    195153.8   440561.5
## 6    3.609167    734.9859    195707.1   444161.4
```

위 결과는 서울시 25개 행정구에 대해 구별 회귀계수, 표준오차, 추정값, 국지적 결정계수 등을 보여주고 있다.

```
# 원래 데이터 프레임에 독립변수별 회귀계수 결합하기
> crimech$coefpop <- results$pop
> crimech$coefincome <- results$income
```

> crimech$coefjiga <- results$jiga

이제 구역의 중심점들을 묶기 위해 자치구 경계선을 읽어 들이게 된다. maptools의 readShapePoly 함수를 사용하여 shapefile을 읽어 들인다.

> gubnd <- readShapePoly("c:/RSpatial/ch10/gu.shp")

ggpplot2 라이브러리의 fortify 함수를 사용하여 자치구 경계를 읽어 들인다.

> gubndoutline <- fortify(gubnd, region="name_eng")

이제 각 독립변수의 회귀계수를 지역별로 표시한다. 지역별 인구 변수의 GWR 계수를 그려보자

```
> gwr.pointl<-ggplot(crimech, aes(x=x,y=y)) + geom_point( aes (colour =
crimech$coefpop)) + scale_colour_gradient2(low = "red", mid = "white", high = "blue",
midpoint = 0.027, space = "rgb", na.value = "grey50", guide = "colourbar", guide_
legend(title="Coefs"))
> gwr.pointl+geom_path(data=gubndoutline,aes(long, lat, group=id), colour = "grey") +
coord_equal()
```

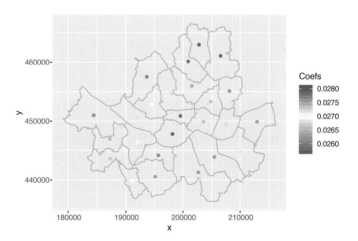

독립변수 인구의 회귀계수 분포를 보면 그림을 보면, 서울의 중부와 남부 지역의 행정구들이 북부지역의 구들에 비해 상대적으로 인구가 증가할 때 범죄건수 증가가 좀 더 영향을 받는 것을 확인할 수 있다.

\# 지역별 가구소득 변수의 GWR 계수를 그려보자

〉gwr.point1〈-ggplot(crimech, aes(x=x,y=y)) + geom_point(aes (colour = crimech$coefincome)) + scale_colour_gradient2(low = "red", mid = "white", high = "blue", midpoint = 3.85, space = "rgb", na.value = "grey50", guide = "colourbar", guide_legend(title=" Coefs"))

〉gwr.point1+geom_path(data=gubndoutline,aes(long, lat, group=id), colour = "grey") + coord_equal()

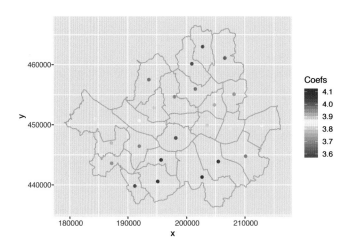

독립변수 가구소득의 회귀계수 분포를 보면 그림을 보면, 서울의 중남부 지역의 행정구들이 북부 지역의 구들에 비해 상대적으로 소득이 증가할 때 범죄건수 증가가 좀 더 영향을 받는 것을 확인할 수 있다.

지역별 표준공시지가 변수의 GWR 계수를 그려보자

〉gwr.point3〈-ggplot(crimech, aes(x=x,y=y)) + geom_point(aes(colour = crimech$coefjiga)) + scale_colour_gradient2(low = "red", mid = "white", high = "blue", midpoint = 6.75, space = "rgb", na.value = "grey50", guide = "colourbar", guide_legend(title=" Coefs"))

〉gwr.point3+geom_path(data=gubndoutline,aes(long, lat, group=id), colour = "grey") + coord_equal()

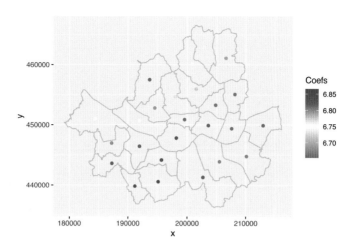

독립변수 표준공시지가의 회귀계수 분포를 보면 그림을 보면, 서울의 서남부 지역의 행정구들이 북서부지역의 구들에 비해 상대적으로 지가가 증가할 때 범죄건수 증가가 좀 더 영향을 받는 것을 확인할 수 있다.

물론, 이러한 결과는 서울 전체에서 통계적으로 유의미하지는 않을 것이다. 대략적으로 말해서, 계수 추정치가 0으로부터 2 표준오차 이상일 경우, 그것은 "통계적으로 유의"한 것이다.

```
# 유의성 통계를 계산하려면 각 변수에 대해 다음과 유사한 공식을 사용하면 된다.
> sigTest = abs(gwr.model1$SDF$pop) - 2 * gwr.model1$SDF$pop_se
> crimech$GWRpopSig<-sigTest
> sigTest = abs(gwr.model1$SDF$income) - 2 * gwr.model1$SDF$income_se
> crimech$GWRincomeSig<-sigTest
> sigTest = abs(gwr.model1$SDF$jiga) - 2 * gwr.model1$SDF$jiga_se
> crimech$GWRjigaSig<-sigTest
# 표준오차 결과 보기
> crimech
## ...
##    GWRpopSig  GWRincomeSig  GWRjigaSig
## 1  0.01542464  0.5289429    -0.3684260
## 2  0.01588074  0.6431080    -0.3950017
## 3  0.01645798  0.7332077    -0.3933566
## 4  0.01654655  0.7834463    -0.3368882
```

```
## 5  0.01626164    0.7412273    -0.2825445
## 6  0.01646028    0.7277980    -0.2928419
## 7  0.01609758    0.6545306    -0.3275743
## 8  0.01601381    0.7089365    -0.2863808
## 9  0.01573564    0.6427454    -0.3207921
## 10 0.01527998    0.5290135    -0.3951316
## 11 0.01564668    0.6027589    -0.3583291
## 12 0.01586763    0.5607156    -0.3990199
## 13 0.01590107    0.5031036    -0.4236586
## 14 0.01521202    0.3926608    -0.4565024
## 15 0.01496279    0.3557101    -0.3585990
## 16 0.01485692    0.3132395    -0.3829110
## 17 0.01504011    0.3167841    -0.4030009
## 18 0.01551338    0.3868684    -0.3853577
## 19 0.01530725    0.4372790    -0.3576220
## 20 0.01565261    0.4639568    -0.3642630
## 21 0.01580684    0.5583825    -0.3777674
## 22 0.01625958    0.5743880    -0.3735895
## 23 0.01696865    0.7034031    -0.3266962
## 24 0.01684030    0.5719566    -0.3850413
## 25 0.01590476    0.4046962    -0.4574549
```

유의성 통계 결과 독립변수 인구수와 가구소득의 통계 값이 0보다 크므로 계수 추정치가 2 표준오차보다 큰 것으로 각 지역의 회귀계수들이 (5% 신뢰 수준에서) 통계적으로 유의하다는 것이며, 독립변수 표준공시지가의 경우 통계 값이 0 보다 작으므로 계수 추정치가 2 표준오차를 벗어나지 못하므로 각 지역의 회귀계수들이 통계적으로 유의하지 못하다는 것이다.

GWR 분석에서 각 지역에서 도출된 회귀계수들이 다른 지역의 회귀계수와 충분히 다른지에 대해 몬테카를로 시뮬레이션을 통해 검증해 볼 수 있다.

# 몬테카를로 시뮬레이션을 운용하기 위해서 GWmodel 패키지를 이용하여야 한다.
> library(GWmodel) //install Error가 발생하면 Error 부분의 폴더를 제거 후 다시 install

```
# gwr.montecarlo는 입력 데이터로 spatial object를 사용한다.
〉crimechsp 〈- SpatialPointsDataFrame(data=data.frame(crimech), coords=cbind(x,y))
〉DM〈-gw.dist(dp.locat=coordinates(crimechsp))
〉bw5 〈- bw.gwr(crime ~ pop + income + jiga, data=crimechsp, dMat=DM, kernel="
gaussian")
  ## Fixed bandwidth: 17620.66 CV score: 442476585
  ## Fixed bandwidth: 10892.34 CV score: 494549506
  ## ...
  ## Fixed bandwidth: 28507.3 CV score: 418994722
  ## Fixed bandwidth: 28507.3 CV score: 418994722
  ## Fixed bandwidth: 28507.3 CV score: 418994722

〉gwr.monte1 = gwr.montecarlo(crime~pop+income+jiga, data=crimechsp, dMat=DM,
nsim=99, kernel="gaussian", adaptive=FALSE, bw=28507.3)
  ## Tests based on the Monte Carlo significance test
  ##          p-value
  ## (Intercept)   0.41
  ## pop          0.81
  ## income        0.50
  ## jiga         0.99
```

위 몬테카를로 시뮬레이션 결과는 우리가 도출한 절편과 회귀계수들은 모두 지역별로 그 차이가
유의하지 않은 것으로 판별되어 회귀계수들의 공간적 변동성이 통계적으로 유의하지 않았다. 회귀
계수들의 공간적 가변성이 유의하려면 p-value가 0.05 이하로 나와야 한다.

앞선 회귀계수의 유의성 통계 계산에서 GWR jiga가 유의하지 않았다. 따라서 회귀계수들의 공간
적 변동성의 통계에도 영향을 미쳤을 것으로 보인다. 이제 여러분이 jiga 변수를 제외하고 GWR을
실행한 후 몬테카를로 시뮬레이션을 수행해 보자.

참고문헌

Anselin, L., J. O'Loughlin, 1992, Geography of international conflict and cooperation: spatial dependence and regional context in Africa, *The New Geopolitics*, 39-75.

Bailey, T.C., A.C. Gatrell, 1995, *Interactive Spatial Data Analysis*, England: Prentice Hall.

Bivand, R. S., Pebesma, E. J., Gómez-Rubio, V., 2008, *Applied spatial data analysis with R*, New York: Springer.

Brunsdon C., A.S. Fotheringham, M.E. Charlton, 1996, Geographically Weighted Regression: A method for exploring spatial nonstationarity, *Geographical Analysis*, 28: 281-98.

Chi, S., D.S. Grigsby-Toussaint, N. Bradford, J. Choi, 2013, Can Geographically Weighted Regression improve our contextual understanding of obesity in the US? Findings from the USDA Food Atlas, *Applied Geography*, 44: 134-142.

Clark, P.J., F.C. Evans, 1954, Distance to Nearest Neighbour as a Measure of Spatial Relationship in Population, *Ecology*, 35: 445-453.

Dennett, A., 2014, An Introduction to Geographically Weighted Regression in R, https: //rstudio-pubs-static.s3.amazonaws.com/44975_0342ec49f925426fa16ebcdc28210118.html

Dykes, J. A., D. J. Unwin, 2001, Maps of the Census: A Rough Guide, *Case Studies of Visualization in the Social Sciences: Technical Report*, 43: 29-54, http: //www.agocg.ac.uk/reports/visual/casestud/dykes/dykes.pdf

Fotheringham, A.S., M.E. Charlton, C. Brunsdon, 1996, The geography of parameter space: an investigation into spatial nonstationarity, *International Journal of GIS*, 10: 605-627.

Fotheringham, A.S., C. Brunsdon, M. Charlton, 2002, *Geographically weighted regression: the analysis of spatially varying relationships*. Chichester: Wiley.

Gimond, M., 2019, Intro to GIS and Spatial Analysis, https: //mgimond.github.io/Spatial/index.html

Hagerstrand, T., 1965, A Monte Carlo approach to diffusion, *European Journal of Sociology*, 6: 43-67.

Hurvich, C.M., J.S. Simonoff, C-L Tsai, 1998, Smoothing parameter selection in nonparametric regression using an improved Akaike information criterion, *Journal of the Royal Statistical Society Series B*, 60: 271-293.

Martin, D., 1989, Mapping population data from zone centroid locations, *Transactions of the Institute of British Geographers*, 14: 90-97.

Nakaya, T., 2002, Local spatial interaction modelling based on the geographically weighted regression approach, *Modelling geographical systems: statistical and computational applications*, Dordrecht, Kluwer.

O'Sullivan, D., D.J. Unwin, 2010, *Geographic Information Analysis*, 2nd Ed., New Jersey, USA: Wiley.

Siegmund, D.O., K.J. Worsley, 1995, Testing for a signal with unknown location and scale in a stationary Gaussian random field, *Annals of Statistics*, 23: 608-639.

Sun, M., W.S. Wong, 2010, Incorporating Data Quality Information in Mapping American Community Survey Data, *Cartography and Geography Information Science*, 37(4): 285-300.

Tobler, W.R., 1970, A Computer Movie Simulating Urban Growth in the Detroit Region, *Economic Geography*, 46(2): 234-240.

Tomlin, D.C., 1990, *GIS and Cartographic Modeling*, New Jersey: Prentice Hall.

Tukey, J.W., 1972, Some Graphic and Semigraphic Displays, *Statistical Papers in Honor of George W. Snedecor*, 293-316.

[데이터마이너를 꿈꾸며] https://kmrho1103.tistory.com/entry/제1장-단순회귀모형-연습문제

이재길, 2017, 《R 프로그램에 기반한 지리공간정보 자료 분석》, 황소걸음 아카데미, 474.